U0231588

One earth, One potato

同一个地球，同一颗土豆！

马薯薯的土豆世界

马达飞 著

当代世界出版社
THE CONTEMPORARY WORLD PRESS

图书在版编目（CIP）数据

马薯薯的土豆世界 / 马达飞著. -- 北京 : 当代世界出版社，2019.4

ISBN 978-7-5090-1497-4

Ⅰ. ①马… Ⅱ. ①马… Ⅲ. ①马铃薯—研究 Ⅳ. ①S532

中国版本图书馆CIP数据核字(2019)第057592号

马薯薯的土豆世界

作　　者： 马达飞
出版发行： 当代世界出版社
地　　址： 北京市复兴路4号（100860）
网　　址： http://www.worldpress.org.cn
编务电话：（010）83908456
发行电话：（010）83908409
（010）83908377
（010）83908423（邮购）
（010）83908410（传真）
经　　销： 新华书店
印　　刷： 永清县晔盛亚胶印有限公司
开　　本： 710×1000毫米 1/16
印　　张： 10.5印张
字　　数： 90千字
版　　次： 2019年4月第1版
印　　次： 2019年4月第1次
书　　号： ISBN 978-7-5090-1497-4
定　　价： 58.00元

序一

普通栽培马铃薯是茄科茄属中能形成地下块茎的一年生草本植物，学名 Solanum tuberosum L.，在全世界别名繁多。原产于秘鲁和玻利维亚交界的安第斯山脉高原地区，那个神秘的、湛蓝的“的的喀喀”——印第安人的圣湖周边。约万年前被古代印第安人驯化和种植，四百年前被带到欧洲直至妙曼的身姿摇曳在地球的每个角落，成为今天世界

国家现代农业马铃薯产业技术体系首席科学家金黎平（左）与作者

第四大粮食作物，也成为传奇的美食。有人说它创造了历史，影响了人类的文明进程。

在我国马铃薯是粮、菜和加工兼用型作物，我国是世界上马铃薯最大的生产国和消费国，常年栽培面积 8700 万亩，总产 1 亿吨以上，分别占全球的 30% 和 28%。马铃薯产业发展对促进我国种植业结构调整，支撑绿色现代化农业发展，满足国人健康营养食物需求，发展区域经济和减少贫困人口等具有其他作物不可替代的作用。随着马铃薯产业和社会经济的发展，如何能实现马铃薯产业的转型升级是我们面临的新课题。

马铃薯的产业链长、马铃薯的营养全、故事多、文化美，作者马达飞先生原本非马铃薯人，他于 2015 年 11 月创办了艺薯家餐饮投资公司，以研究马铃薯产业文化和马铃薯美学的产业实践派自喻，本书洋洋洒洒地描述了马铃薯的前生今世，但其实最终目的是为了推动马铃薯的消费、助推产业发展，建立起具有中国特色的马铃薯文化和马铃薯美学。如此，此书真的值得一读，相信中国的马铃薯文化和马铃薯美学会建立并完美的。

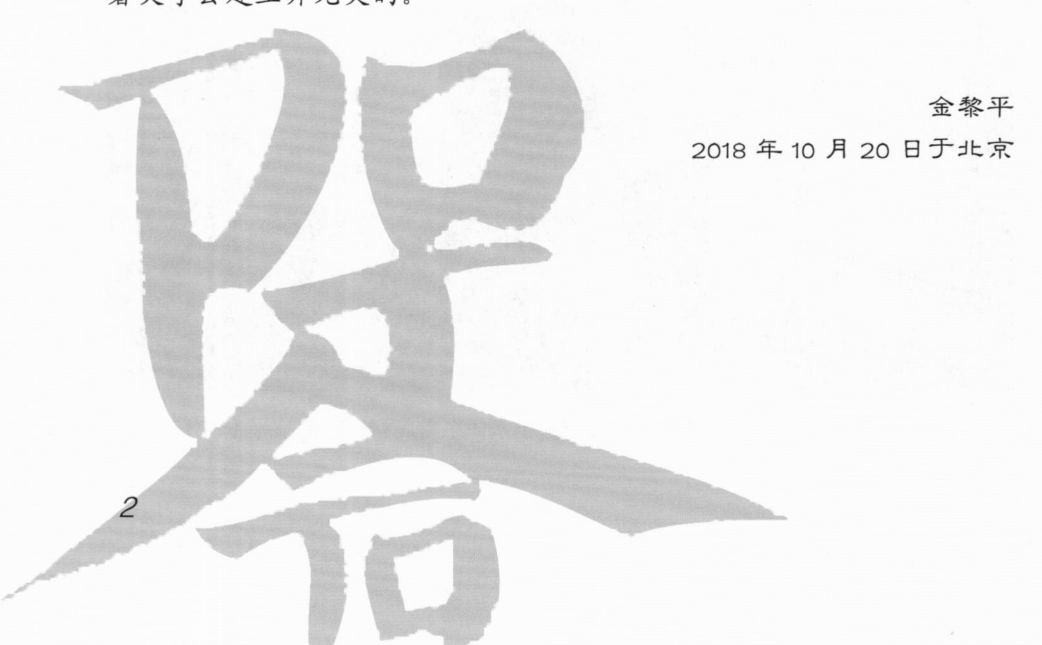

金黎平

2018 年 10 月 20 日于北京

序二

达飞是北大02级美学专业文化艺术管理研究生班的学生，也一直努力坚持做文化产业的践行者。近年来在国家马铃薯主粮化战略的感召下，致力于发展马铃薯的“产业文化”，同时也力图把马铃薯作为文化符号进行产业化探索。用了大约九年的时间，他的土豆探索也算有所斩获。

产业文化化，是运作经济和产业发展的新理念与新方法。它包括两个部分。一方面，它是以文化产业的方法来促进文化元素和文化艺术创意的跨界应用，其中的一个具体领域也可以称为文化产业的跨界化转型，可以促进传统产业特别是制造业提高附加价值；另一方面，则是以文化和创意的要素来改造和提升某个行业，促进产业升级并走向高端产业。

文化产业化指的是新的产业发展离不开文化要素的作用，那么，这在理念上就要告别“文化搭台”的传统观念，因为它仅仅是把文化作为一种外在的形式，而不是作为内在的驱动力，或者内生发展的动力。只有这种理念的转变才能带来真正的文化提升产业价值的飞跃。马铃薯具有广泛认知的“亲和”符号属性，具有打造文化超级 IP 的潜质。

作为价值万亿大宗农产品的产业，马铃薯在中国日趋受到百姓关注并逐渐应用广泛。可以说，从文化认知价值来说，中国马铃薯距离世界还有很大的差距，这里面需要一群人坚持不懈的努力。作为引进物种的马铃薯和中国文化的有机结合，走入千家万户的主粮餐桌，引领第三次膳食革命，有挑战，更有巨大的发展潜力。

科技赋能，文化赋魂。希望本书能够成为达飞一个新的起点，也希望他能够在马铃薯的“文化产业化”与“产业文化化”相结合的道路上取得更好的成绩。

陈少峰

北京大学哲学系教授、博士生导师、文化产业研究院副院长

自序：禅定薯餐厅

若用一个字概括中国文化，笔者以为是“禅”。

禅是于大化流转的纷繁世界中的自我独立，也是中国文化得以一脉相承、不断融合发展的核心精神。自与土豆结缘，一路修行一路禅歌，虽历经各种挑战与艰难，然而在家人、伙伴以及诸多亲朋们友善的支持和关注下，把土豆文化幼苗渐渐栽下，慢慢成长起来。每个人生皆是乘愿而来。当心中有了梦想，无论历经多么辛苦的事情，都会汇聚成点滴的幸福，串起来值得追忆的生命花环。创业这一年基本上朝思

笔者参加丹麦创意杯大赛的演讲现场

薯想的事儿都跟土豆有关，且不断地把土豆做成了许多有趣的事情，如今一一道来以飨诸友：

一、世界禅——若想解决中国的马铃薯主粮化问题，也只有一个字，吃。为了这个字，为了更直接地了解消费者的感受和意见，2015 年，薯餐厅应运而生。2016 年，艺薯家土豆主题餐厅项目，参加丹麦创意产业杯国际大赛中国赛区的商业计划比赛，不辱使命获得中国赛区二等奖。跟一群人工智能机器人、AR 项目、虚拟人脸和大数据 PK，土豆项目显得超级接地气。奔赴丹麦哥本哈根去参加决赛，见识了世界各国的顶级项目，也看到了艺薯家与它们的差距。更坚定了我们的信念：让中国餐饮在世界大放异彩，土豆是个绝佳的选择！！！

二、农耕禅——由于醉心土豆，笔者被人称为“土豆薯叔”和“马薯薯”。笔者以为土豆主粮化除了追求营养、美味、新鲜的食品外，更追求的是一种土豆生活方式：默默无闻，自成一统。2016 年 4 月

西峰山下种薯忙

亲自种的土豆吃着很香

初，我们来到北京西峰山农场有机土豆基地，和家人一起享受农作的乐趣。并赋打油诗一首：曾拈兰花手，如今握土豆。天地有至情，接物宜从厚。薯本西来品，辗转到神州。餐餐知其味，汇我中华秀。千家有余粮，万户存不够。信口一打油，大家乐悠悠！

三、写经禅——让国人喜爱土豆这种食物，先塑造土豆深入人心的文化形象，让土豆更具有东方气质。在土豆上面写佛教的心经、圣经，乃至兰亭序，都是极为开心的事情：沉心潜志地面对一颗纯净的土豆的时候，你的心也会随之变得沉静起来，而这种写经的专注和凝望，会对大地充满无限的感恩和珍惜，让内心充盈着神圣的光芒……

四、扶贫禅——中国绝大多数国家级贫困县都主产土豆，如果能够把土豆产业化进程系统地推广开来，既能够实现国家主粮化进程，满

作者的水墨土豆文创作品

足这个人口大国的粮食安全问题，同时又能够使国家解决贫困人口温饱问题，共同迈向小康。笔者走过福建的周平、湖北的恩施、云南的曲靖、剑川、昭通，以及太行山深处的阜平、乌兰察布商都、吕梁的岚县，也去了土豆之乡滕州和中国土豆种薯基地的克山……

五、匠心禅——艺薯家之道，也是艺术之道。曾经与设计艺薯家品牌形象的设计师们谈到，如何在传统的基础上延续与发展属于时代的

太行山的阜平县，扶贫工作前后对比

篇章。传统宛如回忆，是生活在过往的刹那与片段；梦想是未来，是努力去实现的憧憬和希望。当一个时代的车轮呼啸而过的时候，努力去构建属于未来的、把记忆融汇到时代当中所创构出的新语言，才会牢牢镶嵌在历史的长河之中，创造属于时代的 IP 记忆……

六、文旅禅——把土豆花做成旅游项目是山西岚县的创举，笔者也有幸参与到这个项目中来。请 95 岁高龄的北大哲学系杨辛老师题写案

名，伴着淡淡的土豆花香，徜徉在万亩土豆花海，走在数百米的世界土豆长廊，把世界土豆之神结合进了中国土豆的场景，在寂静乡村开发出民宿和土豆宴，打造了世界马铃薯文化长廊、仙薯大道、观薯楼、土豆花赋照壁、世界土豆丰收之神、薯憩亭、童趣薯园、望仙桥、饮马溪、薯宴村等土豆花开十景观，这一切都用休闲时尚的方式让人们亲近土豆，更希望让土豆这个异乡游子，跟这个伟大农耕民族完美地融合在一起。

七、五观禅——做一个土豆体验型文化场景：艺薯家文化餐厅几乎是必然选择。餐饮是人类最本质的需求，主粮化的核心主角土豆如果不能解决怎么“吃”的问题，将无法实现预期战略。在一个消费升级和食品相对过剩的时期，让挑剔的消费者选择土豆，就需要从眼、耳、鼻、舌、身、意上去下功夫，营运近三年，艺薯家研发的诸多食品，获得了90后年轻时尚族一致的认可和喜爱，他们将会

山西吕梁岚县土豆花开旅游区

北京三里屯艺薯家服务团队

是未来土豆消费的主力军！

八、亲子禅——农业既是涵养生命的产业，也是传续文化的场地，让吃惯了汉堡、薯条的孩子们看到他将土豆从土壤里拔出来，就像看魔术似的。从前，他们或许并不知道土豆从哪里来，怎么生长，现在他们有机会亲手种植、亲手采摘。荷马儿童农场就是让小朋友在吃喝玩乐中获得农业的教义……

少年儿童体验田间劳作

九、推广禅——继 USA today 采访之后，美国有限电视网络媒体公司（HBO）慕名采访艺薯家土豆餐厅，一颗小土豆整这么大动静啦！英国的女记者很爱吃艺薯家的土豆焗饭，觉得十分有创意。后来笔者参加央视2套《回家吃饭》栏目，主持人称我这个土豆达人很文艺，当笔者把写有全国各地近70个土豆地方别称的书法长卷展开时，在现场引起了一阵小骚动。参加

美国 HBO 电视台采访作者

2018 首届中国农民丰收节，第一个节目就是笔者为在座的中国农业农村部副部长屈冬玉等嘉宾朗诵《土豆花赋》，大家都没想到，土豆有这么多称号、这么多文章，无形中反映了中华民族对土豆的热爱之情。

十、愿禅——媒体笔下的我，是一位“跨界人士”。在职业生涯里“跨界”几乎是一个重要的标签。从美术教师，到 IT 行业品牌推广，然后是旅游地产行业的总裁，直到现在搞的创意农业、东方生活美学、文化讲堂……在不断探索新鲜事物的同时，也用自己独立的思考方式去印证一个道理：用使命去照亮方向，终将找到适合自己的人生道路。笔者愿把土豆做成一种文化，让更多人知晓这种影响广泛的农产品的优点，或许也是一种莫名其妙的使命感吧。

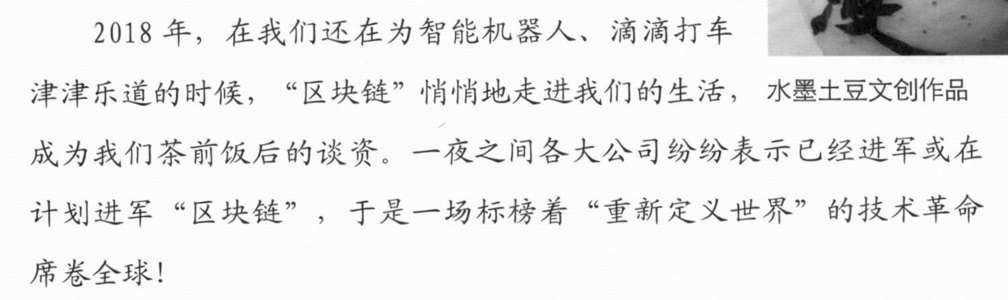

水墨土豆文创作品

2018 年，在我们还在为智能机器人、滴滴打车津津乐道的时候，“区块链”悄悄地走进我们的生活，成为我们茶前饭后的谈资。一夜之间各大公司纷纷表示已经进军或在计划进军“区块链”，于是一场标榜着“重新定义世界”的技术革命席卷全球！

区块链是什么？百度百科的解释如下：狭义来讲，区块链是一种

一颗土豆寄深情——张北的土豆

按照时间顺序将数据区块以顺序相连的方式组合成的一种链式数据结构，并以密码学方式保证的不可篡改和不可伪造的分布式账本；广义来讲，区块链技术是利用块链式数据结构来验证与存储数据、利用分布式节点共识算法来生成和更新数据、利用密码学的方式保证数据传输和访问的安全、利用由自动化脚本代码组成的智能合约来编程和操作数据的一种全新的分布式基础架构与计算方式。

这种解释较为技术层面，但基于价值互联网的区块链时代的洪流不可阻挡。区块链技术能为土豆产业做些什么？我们希望它能够将“土豆十禅”串联起来，形成从田间到餐桌的无缝对接，把科技力、创造力和文化力注入到传统农业中来，激活土豆的符号性、实用性、扩展性和再生性，形成“薯块链”，为土豆这种人类伟大的食物赋予新时代的价值，做一颗追求幸福的时代土豆，一路前行，播种健康、生机、生命、希望，让艺薯之美与大爱同在，光明无限！

本书要感谢中国作物学会马铃薯专业委员会、中国食文化研究会、山东滕州市农业局、深圳素范儿品牌的大力支持和帮助，在此一并致谢！

目录

第一章　流浪土豆的前世今生 \1

一、土豆的世界之旅 \ 2

二、土豆关系人类的未来 \ 6

三、世界吃货的食尚狂欢 \ 20

四、土豆文化与精准扶贫 \ 25

五、马克思和梵高的土豆对话 \ 29

六、土豆联合国 \ 33

第二章　土豆六艺与乡村振兴 \43

一、土豆仅仅是用来吃的吗 \ 44

二、土豆与乡村振兴 \ 47

第三章　中国土豆消费魅力城市 \61

推荐中国土豆消费魅力城市 \ 66

第四章　薯我七十二变——土豆创业创富计 \ 73

一、餐饮小吃类 \ 74

二、食品类 \ 78

三、综合类 \ 79

四、文创类 \ 80

五、日化类 \ 81

六、影视类 \ 81

七、游戏类 \ 82

第五章　马薯薯的土豆经 \ 83

一、创业的初心——采访实录 \ 84

二、土豆诗赋 \ 93

三、土豆里生长出来的美学经济 \96

附录　马薯薯吃过的那些土豆 \ 109

第一章 流浪土豆的前世今生

一、土豆的世界之旅

土豆仿佛是天外来客。

没有人知道这个家族从什么时候开始，在地球上繁衍生息。

16 世纪末，当老家在南美的马铃薯（土豆）首次抵达欧洲时，没几个人待见它，找个落脚地儿都难。原因竟然是它具有“呆头呆脑”的长相，还有“不开化、被征服种族的主要食物”的头衔。总之一句话：没文化！殊不知，在遥远的南美洲安第斯山脉的 4800 米之上的的的喀喀湖，土豆的丰歉直接影响着当地居民的生活，因此印第安人将土豆尊奉为“丰收之神”， 被尊称为“丰收之神”的土豆，在印第安人的眼中是有灵魂的。就像农民要祭天，渔民要祭大海一样，印第安人也会祭拜土豆。由于土豆的产量对他们影响极大，所以在产量严重减少

艺薯家土豆摄影

时，他们会认为是自己“怠慢”了土豆神，于是就会举行一次盛大的祭祀仪式。这次的仪式并不像土豆之前经历的那次自身苦行的磨炼，而是一场盛大的狂欢，是把土豆当做神去祭拜的一场仪式！

山西吕梁岚县的土豆丰收之神雕像

并且，在秘鲁南部的纳斯卡荒原上，那里有数千年的迷局，绵延几公里的线条，以各种生动的图案，镶刻在大地上：这神秘的痕迹，无不将南美土豆的神秘面孔隐藏得更深。

今天，土豆只是餐桌上的大众食物，而在人类文明史上，如同美国知名环境史学家 W. H. 麦克尼尔（William H.McNeill）所说："土豆改变了世界历史，这并非荒唐事……我们习以为常的食物，是如何以剧烈的方式改变了世界历史。"

然而，那时的土豆并没有走上欧洲人的餐桌，却来到了他们的猪圈。对猪来说，土豆实在太称它们的心意了！猪虽是杂食动物，但最喜欢吃根茎类作物。它们天生的长鼻子就是用来拱开松软的土壤，寻找营养丰富的块茎和根茎。当时欧洲宫廷并没有享受到土豆的丰富营养，而是转移视线看到了它美丽的花朵。

直到土豆在爱尔兰贫瘠的土地和恶劣气候中站稳了脚跟；直到欧洲国家两大交战集团为争夺殖民地爆发了空前的残酷战争；直到美国对于文化根源的追溯，作为粮食作物的土豆，才登上了拯救欧洲的历史舞台，慢慢影响到了美国的上流社会，受到各国的瞩目。

明末清初，随着地理大发现时代的到来，原产美洲的大批农作物也被欧洲殖民者通过海路带到了东方。素来秉承"民以食为天"的中国人很容易接受任何可以填饱肚子的农作物，从不去考虑这种作物在先哲的著作里是否有所提及——土豆也正是在这个时期登陆了中国。

从比较明确的历史记载上看，土豆传入中国有两条路线，其中一条是通过海路引进，从天津引到北京，最后到华北平原。另一条线是由从荷兰人引进台湾，然后从台湾引进到福建和广东地区。此外，从土豆后来在中国的栽培分布看，历史学家推断，还存在第三条路线，就是从西北方向引进到中国西北和西南地区。

由于土豆是在不同时期被引入到中国的不同地区，所以土豆在中国就有很多地方上的名称。比如说有叫土豆的，有叫洋薯的，有叫洋山薯的，另外，广东人还有叫薯仔以及洋芋的，为什么叫洋芋呢，因为有红薯先被引进中国，红薯多被叫做山芋，而且叫地瓜，土豆和红薯有相似的地方，所以它也被叫做洋芋。

尽管有着五花八门的名字，但土豆在中国的华北和东南等地区一直都没得到很好的推广种植，更没有成为重要的粮食作物。因为在这两个地区，原来的谷物生产都非常稳定，小麦、玉米、水稻等谷物栽培非常发达，构成了稳固而又完善的粮食体系。

即没有水稻、小麦、玉米耐饥饱，又没有红薯甘甜的土豆，很难和这些传统的谷物竞争，然而，土豆在中国最终还是找到了它的立身之地——这就是土地贫瘠、干旱少雨的西北部地区。

土豆花开

二、土豆关系人类的未来

土豆在世界上貌似颠沛流离，其实用其博大的胸怀哺育了世界各族人民。

1. 土豆——的的喀喀湖的晨光

的的喀喀湖位于玻利维亚和秘鲁两国交界的科亚奥高原上，是南美洲地势最高、面积最大的淡水湖，也是世界海拔最高的大型淡水湖之一，还是世界上海拔最高的大船可通航的湖泊，是南美洲第三大湖。

马铃薯因酷似马铃铛而得名。土豆的人工栽培地最早可追溯到大约公元前 8000 年到公元前 5000 年的秘鲁南部地区。安第斯山脉 3800 米之上的的的喀喀湖区可能是最早栽培土豆的地方。在距今大约 7000 年前，一支印第安部落由东部迁徙到高寒的安第斯山脉，在的的喀喀湖区附近安营扎寨，以狩猎和采集为生，是他们最早发现并食用了野生的土豆。

2. 土豆是上天赐予人类最好的礼物

土豆是一种粮菜两用的蔬菜，又叫洋芋、洋山芋、山药蛋。以前它是不起眼的东西，现如今它是营养学家青睐的蔬菜明星，被认为是世界上最伟大的食物之一。土豆有以下五大功效。

土豆能留住岁月的脚步

土豆有营养，是抗衰老的食物。它含有丰富的维生素 B_1、B_2、B_6 和泛酸等 B 群维生素及大量的优质纤维素，还含有微量元素、氨基酸、蛋白质、脂肪和优质淀粉等营养元素。经常吃土豆的人身体健康，老得慢。

土豆能减肥。吃土豆不必担心脂肪过剩，因为它只含 0.1% 的脂肪，是所有充饥食物中脂肪含量最低的。每天多吃土豆，可以减少脂肪摄入，让身体把多余脂肪渐渐代谢掉，消除脂肪这个心腹之患。土豆对人体有很奇妙的作用。胖人吃能变瘦，常吃土豆身段会变得苗条起来。

土豆是天然的美容佳品。土豆有很好的呵护肌肤、保养容颜的功效。新鲜土豆汁液直接涂敷于面部，增白作用十分显著。人的皮肤容易在炎热的夏日被晒伤、晒黑，土豆汁对清除色斑效果明显，并且没有副作用。土豆对眼周皮肤也有显著的美颜效果。将熟土豆切片，贴在眼睛上，能减轻下眼袋的浮肿。把土豆切成片敷在脸上，具有美容护肤、减少皱纹的良好效果。年轻人皮肤油脂分泌旺盛，常受青春痘、痤疮困扰，用棉签蘸新鲜土豆汁涂抹患处可以解决这个问题。

土豆能吃出好状态

土豆含有维生素C。生活在现代社会的上班族，最容易受到抑郁、灰心丧气、不安等负面情绪的困扰，土豆可以帮你解决这个难题。食物可以影响人的情绪，是因为它里面含有的矿物质和营养元素能作用于人体，改善精神状态。做事虎头蛇尾的人，大多是由于体内缺乏维生素A和C或摄取酸性食物过多，土豆可以帮你补充维生素A和C，也可以在提供营养的前提下，代替由于过多食用肉类而引起的食物酸碱度失衡。

土豆能调整虚弱的体质。土豆不仅不会使人发胖，还有愈伤、利尿、解痉的功效。它能防治淤斑、神经痛、关节炎、冠心病，还能治眼痛。土豆含有丰富的钾元素，肌肉无力、食欲不振、长期服用利尿剂或轻泻剂的人多吃土豆，能够补充体内缺乏的钾。高含量的蛋白质和维生素B群可以增强体质，同时还具有提高记忆力和让思维清晰等作用。夏季没有食欲的朋友，坚持吃一段时间土豆，一定能收到令你满意的效果。

3. 土豆是丰收之神

为了培育土豆，古印第安人也是蛮拼的。当时的土豆都是野生品种，含有大量毒素“龙葵碱”，吃了是要死人的，于是他们不停地去驯化土豆，花费了大量的时间与精力，也付出了极大的代价。同伴一波波地死掉，他们就继续一波波地改良。

六米高的土豆之神矗立在土豆花风景区，守护着风调雨顺的大地

但再多的挫折都难以磨灭古印第安人对土豆的热爱。他们不仅用烤熟一只土豆所需的时间长短来计时，还把土豆奉若神明，称它为“丰收之神”。一旦遭遇歉收，古印第安人就要大惊失色，觉得是自己怠慢了“土豆神”，要用盛大的祭礼仪式来挽救。他们穿上华丽的服饰，伴随着音乐跳起古老的舞蹈，歌声嘹亮，穿透云霄。

4. 拯救欧洲的生命食物

良好的适应性和抗逆性，使土豆在爱尔兰贫瘠的土地和恶劣气候中很容易就站稳了脚跟，粮食紧缺的爱尔兰人很快就接受了土豆。就在爱尔兰人把土豆作为重要粮食作物的时候，欧洲的邻国们依然不为所动，甚至嗤之以鼻。那时的人们无论如何也想不到，在之后的百年，几乎所有的欧洲人都在吃土豆。土豆不仅成为欧洲种植最广的作物，而且最终作为拯救欧洲的作物而荣登史册。

5. 爱尔兰大饥荒的警示

19 世纪 40 年代，由土豆病害引发的爱尔兰大饥荒，给爱尔兰带来了空前灾难，使得爱尔兰付出了惨重的人口代价，包括巨大的人口死亡和大规模人口对外迁徙。据统计，大约有 150 余万人感染了肆虐的“饥荒热”（爱尔兰人所称的斑疹伤寒和黄热病），且至少 25 万人死于这种病。土豆病害和大饥荒的教训警醒后人，作物物种的全球性扩散，对人类历史进程的影响是如此之大。然而越是在紧密相连的全球一体化时代，我们的生命和社会愈加脆弱，一旦疾病大流行或是粮价大波动，处于全球链中的每一个国家几乎都无法全身而退，而对欠发达国家的影响更大，如非洲国家频繁的饥荒危机等。未来人类的生命是否可以经受政治、军事、生物和生态的各种劫难而继续延续下去？现实很可能是我们人类所处的世界性网络体系将发生彻底崩溃，导致整个世界陷入彻底贫困之中。

6. 法国皇家的座上宾

土豆真正在欧洲大陆摆脱恶名，靠的是一次十分特殊的机缘巧合。18 世纪，法国有一位叫做巴蒙迪艾的贵族，借着自己的贵族身份，开始在上流社会鼓吹食用土豆。当然，巴蒙迪艾的努力起初很不顺利，于是他想到了国王。当时，在法国当政的正是波旁王朝的亡国之君路易十六，这位陛下虽然国王当得不咋样，但科技素养还是相当高的，不仅其本人毕生醉心于修锁技术，还曾经把美洲的富兰克林请来在法国宫廷里表演避雷针的使用。巴蒙迪艾说动这样一位国王想来应该没费多少工夫，但值得一提的是他所想到的“推广方法”：他在巴黎郊区承包了一片土地，种上土豆，然后请求国王派人白天重兵把守，到了晚上再让士兵撤离。日子久了，周围的农民都被这神秘的现象所吸引，不知道这片“皇家田地”里种的是啥好东西，加上当时法国大革命已呼之欲出，本着“国王禁止咱偏干”的精神，民间的“不和谐”分子趁夜将土豆偷走，拿到自家田地里种。土豆就这样在法国普及开来，上流社会也开始竞相品尝起来。

7. 感恩土豆的德意志

德国三十年战争 1648 年结束，而在 1647 年，费迪南三世治下的法兰克地区成功将土豆作为食品进行了大面积种植，这是一个载入史册的伟大举动。法兰克地区现成的经验和种子繁

Artato
艺薯家
土豆焗饭大师
Baked potato master
焗饭源自意大利，世界美味薯于你！

育方法对战后稳定局势发挥了决定性作用，恰好德国的土壤条件非常适合种土豆（单产是中国的三倍），否则过渡期内不知还要损失多少人口。这不能不说是苍天对德意志民族的怜爱。

8. 俄国的土豆暴动

在俄国，土豆摇身一变，成为解决饥荒的工具。土豆最初由彼得大帝引入俄国，18 世纪 60 年代，俄国卡列里等地发生饥荒，当时管理医疗事务的机关医学委员会向政府建议解决饥荒的办法是让农民种土豆。1770 年，俄国第一位农学家博洛托夫发表论文，论述土豆的好处。1797 年政府强制下令农民开始种植土豆，农民却怀疑土豆的价值，而更愿意种植像黑麦这样的传统作物。尤其是旧信仰者更是拒绝吃土豆或者拒绝与土豆产生任何瓜葛。到了 19 世纪早期，土豆还未被俄国农民接纳，1840 年政府又强推官属农民种植土豆，农民们以为这一法令是要把他们变成农奴，直接导致 1843 年叶卡捷林堡、皮尔姆、喀山和诺夫戈罗德等多个省份的农民“土豆暴动”，在这次暴动中农民死亡上千人。

9. 瑞典第一个吃土豆的人

在瑞典的哥德堡，市中心的一个小广场上矗立着一座青铜塑像，这是哥德堡的一处名胜，俗称吃土豆者的塑像。1724 年，约拿斯·阿尔斯特鲁玛在哥德堡附近的一个小城市，在他自己家的庄园里，种下了一些土豆；收成以后，他成了整个瑞典第一个吃土豆的人。同时，他大声疾呼，土豆这种食物产量大，营养丰富应大力推广种植。约拿斯不仅是瑞典第一个吃土豆的人，而且第一个规范了瑞典语中土豆的叫法。以前土豆在瑞典有许多名称，有的叫土薯，有的叫地苹果，约拿斯借了英语的名字，称之为 Potatis。

10. 荷兰，真正的土豆王国

土豆于 17 世纪被引进到荷兰，在此后的一个世纪之内便成为其最重要的粮食作物之一。如今，荷兰是世界第十大土豆生产国。

土豆在荷兰是一个高度机械化的产品。尽管大部分欧洲国家的土豆产量已经下降，但是在荷兰大约 16 万公顷的可耕地中仍有四分之一用于种植土豆，而且达到每公顷超过 45 吨的世界纪录水平。

荷兰土豆作物中仅有一半直接用作食物，大约 20% 为种薯，其余 30% 加工成淀粉。荷兰大约有 70% 的商品土豆以鲜薯和诸如薯条、薯粉等产品形式出口。荷兰是世界主要的认证种薯供应国，每年出口大约 70 万吨。2015 年荷兰出口了 148 亿人民币的土豆，位居世界第一。但是这样一个土豆大国依然一直不满足于目前市场上土豆的新品种，现在一家高科技土豆公司

Solynta 预计很快将改变这种现状，他们结合传统的荷兰种植经验和土豆育种领域的专业技术，即将研制出土豆新品种。

11. 混血的“土豆美女”

土豆到了美国之后，科学家通过坚持不懈地努力，让土豆抗病能力、品种开发、食品口味都有了长足的发展，多学科的应用，让土豆真正成了混血美女。据美国农业部门统计，早在2004 年，全美国种植和收获土豆 120 万英亩（约合 48.56 万公顷），产量 456 亿磅（约合 206 亿公斤），产值达到 26 亿美元。美国土豆产业是如何做大做强的呢？美国不但被公认为新鲜及冷冻土豆产量最高的国家，脱水土豆的生产在世界上亦首屈一指。由于美国品种的土豆肥大壮硕，制成的薯条是世界最长的，因此也带来更佳的生产效率和更高利润。美国加工厂使用顶级的生鲜土豆，事实上，他们使用的原料，总固体含量平均达到21% 以上。他们采用特殊科技，例如自动去芜品检系统，尽可能减少薯条出现变色或斑点的状况。在美国，脱水土豆非常受欢迎。制造商首先挑选一级白肉品种的土豆，其味道和口感都极为出众。只有成熟、结实、完整的土豆才会被选用制造脱水土豆产品，绝不会使用次货或其他生产过程中的剩余物质。脱水土豆制品种类繁多，包括薯丁、薯片、薯丝、薯泥、薯粒、薯粉及冷冻脱水土豆，式式俱全。

12. 环游世界的伟大邻居

南美洲的土豆是何时到达的北美洲呢？西班牙殖民者1537年首先在安第斯山脉的村庄里“发现”了土豆，并将土豆带回欧洲，然而土豆在欧洲并没有很快得到认可。后来，在普鲁士、法国和英格兰领导者和思想家的帮助下，土豆才迅速在整个欧洲得到广泛应用。土豆于1621年传入北美洲，当时百慕大群岛州长送给弗吉尼亚州长两个装有土豆和其他蔬菜的大盒子。直到美国外交家本杰明·富兰克林在法国发现了土豆，土豆才得以在美国流行起来。本杰明·富兰克林在法国做美国驻法国大使期间，参加过一次宴会，席间鉴赏了土豆的二十种不同做法。富兰克林回到美国后，盛赞土豆是最好的蔬菜。从此美国人追随富兰克林引领的潮流，土豆也开始在殖民地和边远的西部地区得以种植。

13. 土豆在美国的发展经验

美国是世界上第五大土豆生产国，理想的栽种温度、肥沃的土壤 、现代化的加工处理设备以及代代相承的专业经验，使得美国土豆产品在国际上一直处于领军位置。土豆是美国最重要的经济作物，2009年仅土豆种植一项就为美国农场主带来了34亿美元的收益。同时，薯条、薯片等土豆加工业还为全美每年提供高达数十亿美元的税收。从整体来说，美国土豆产业的发展有着 5 个方面的经验值得关注。

（1）严格的行业标准是美国土豆产业发展的先决条件。

（2 ）坚持科技创新是美国土豆产业发展的机制要素。

（3）产业链的整体延伸是美国土豆升值的重要一环。

（4）显著的产业化特征为美国土豆发展奠定基石。

（5）强有力的协会是美国土豆产业持续发展的有效支撑。

14. 深加工薯业征服全球

深加工是产业链的延伸。现代化的深加工处理是美国土豆升值的重要一环。据美国农业部提供的资料，2004 年，美国土豆的应用情况是：37%冷冻土豆产品（如：冷冻薯条、薯宝、薯圈、手工薯条、薯角和冷冻整土豆）；32%新鲜土豆产品（如：烘焙、蒸煮或土豆泥）；12%土豆片（包括直薯条）；12%脱水土豆和土豆淀粉（挤压式薯片、土豆饼、土豆泥以及罐装炖菜）；6%种薯；1%罐装。据统计，美国土豆加工制品的产量和消费量约占总产量的 76%，土豆食品多达上百种，在超级市场，土豆食品随处可见。全国约有 300 多个企业生产油炸土豆片，每人每年平均消费土豆食品 60 千克。此外还会加工成淀粉、饲料和酒精等，加工量已占到土豆产量的 85% 左右。目前，美国以土豆为原料的加工产品品种已经有几百种。在美国处处可以看到土豆的加工品。

土豆淀粉制作

15. 中国的土豆与世界的土豆！

土豆从欧洲到中国的传播是一次典型的实物跨文化传播，也是一次从“洋芋”到“土豆”的文化融合过程。它适应中国的自然环境，在中国被大面积推广种植，目前中国已成为世界第一土豆生产大国，土豆也由一种“舶来品”成为中国的“土特产”。它不仅适应了中国的自然环境，还适应了中国的社会环境，与中国的乡土风情、文化传统相融合，逐渐形成富有地方特色的“土豆文化”。科学技术推动了土豆在中国的广泛种植，而土豆的“本土化”又反过来促进了相关方面的科学研究。在科技、工业化、全球化的影响下，土豆产业已经形成。中国的土豆以及相关产业如何走出国门、走向世界，是需要重点思考的问题。中国的土豆及土豆产业要想走向世界，成为全球化的品牌和产业，需要在依靠科技的同时借力中国特有的“土豆文化”。

作者书写的土豆水墨心经

三、世界吃货的食尚狂欢

世界各国的土豆真是五花八门，不胜枚举。以下摘抄几段土豆食物趣闻。

1. 瑞典的风琴土豆

风琴土豆风靡瑞典！风琴土豆里的土豆片要切得薄而均匀，不要切透，留一点余地在底部相连，土豆表面才好散开。这道菜的材料，选用了比较粉的土豆和做披萨常用的萨拉米香肠，在调味上类似中式烧烤风味。其实大家也可以选择手头方便的配料，比如培根、火腿甚至切得极薄的腊肉腊肠等，调味时根据你的喜好，也可以大胆变化。

2. 波兰的土豆饺子

波兰饺子的做法世代相传。传统上，饺子是在圣诞节时候吃，当然其他重大节日时吃也可以。当饺子熟了以后，可以用洋葱和黄油煎着吃，也可以蘸酸奶油吃。有人说，教波兰人做饺子就好比教墨西哥人吃辣椒，给德国人吃香肠，纯粹多此一举。几乎所有的波兰餐厅都供应饺子。

从前有一个波兰小伙在日本留学，隔壁住着几个中国女生，过新年的时候，她们许诺要给他个惊喜。几个人神秘兮兮地在厨房里搞了半天，最后新年大餐上桌，他看到了一桌子的饺子。几个中国女生极其骄傲，他却哭笑不得。饺子在我国是具有仪式感的大众美食，是我们会觉得“特别”的东西，可是在波兰却是普通得不能再普通的家常菜。

3. 法国的世界上最贵的土豆

世界上最贵的土豆是法国努瓦尔穆捷岛上种植的La Bonnotte土豆，这种土豆每年产量不到100吨，质地非常柔软，只能用手工的方法采集。这种土豆价格高达每公斤500欧元，号称世界上最贵的土豆。La Bonnotte土豆是法国农业部门于1994年开发出的改良产品。每年2月播种，开紫色或白色花，5月收获。因为对气候、土壤等条件的要求十分苛刻，La Bonnotte属于土豆中的稀有品种。

4. 比利时的国宝——薯条

说起比利时，你们想到的一定是啤酒和巧克力对不对。但如果说炸薯条也是比利时不可或缺的美食，你可能就会纳闷了：炸薯条不是叫French Fries么？其实比利时人不仅喜爱吃炸薯条，而且坚信炸薯条是他们发明的。比利时油炸食品业者联盟甚至还向联合国教科文组织申请将炸薯条列为“非物质文化遗产”。17世纪末，比利时默兹河谷的贫民们在冬天水面结冰无法捕鱼的时候，就会把土豆切成小鱼的形状炸制充饥。第一次世界大战期间，英美两国的士兵在比利时第一次尝到了炸薯条，但因那时比利时军队通用的语言是法语，士兵们就把薯条称为“French

Fries”，从此这个名字开始为人们所熟知，而法国也自然而然地被认为是薯条的发源地。事实上，现在在荷兰南部同比利时接壤的地区，人们依然把薯条称为“ Vlaamse Frieten ”，即弗兰德斯薯条。

5. 德国的土豆大餐

土豆自 18 世纪起成为德国人的主食之一，在中午唯一一餐热食中，人们用土豆配合着肉类、海鲜及蔬菜扎扎实实地填饱肚子。

别看那一颗颗土黄的土豆，总是毫不起眼地挤在蔬菜群中，它可是最受德国人喜爱的食物之一。尤其在新鲜市集里更不难发现，许多老一辈的德国人买菜时，总会抱着一堆土豆回家去。据说这是他们战后延续下来的饮食习惯。也因土豆本身容易种植与能够长期保存的特性，直到今日，它在德国食物中仍保有着元老级的地位。

在德国，土豆不但可以拿来煎煮炒炸，甚至能做成各式的面食与烤饼。目前德国市面上约有三十多种土豆，依德国人的烹调习惯，土豆可分为三种类型：第一种是比较结实、适用于沙拉与油煎的土豆 Festkochende Kartoffeln；第二种是可拿来作为烤饼或焗类餐点的土豆 Vorwiegend Festkochende Kartoffeln；而第三种土豆 Mehligkochende Kartoffeln，则拥有最松软的特质，它适合用来制做土豆泥、土豆球等餐点。

6. 欧洲的土豆伏特加

伏特加是一种古老的蒸馏烈酒，是在俄罗斯和北欧等寒冷国家最受欢迎的酒精饮料。关于伏特加的起源，有人说它起源于8世纪的波兰，也有人说它起源于9世纪的俄国。现在，伏特加在全球范围内都很有知名度，尤其是在美国。美国人喝掉的伏特加比他们喝掉的金酒、朗姆酒、龙舌兰和干邑白兰地四种酒加起来还多。土豆是伏特加主要的酿造原料之一，比如瑞典的“Karlsson’s Gold Vodka”金牌伏特加就是用土豆来酿造的。这瓶英国的惠特利伏特加也是土豆酿造的。

英国产的土豆伏特加

7. 英国旋风——炸鱼薯条

英国饮食(British Cuisine)是指主要流行在英国的饮食文化，包括英格兰饮食、北爱尔兰饮食、苏格兰饮食、威尔士饮食以及由此派生的英式印度饮食。和其他欧洲国家相比，土豆在英国饮食文化中占有重要的地位，可视为英国人重要的主食。

鱼和油炸土豆条是英国民族传统的快餐食品。它是在 19 世纪 60 年代流行起来的。那时，铁路开始把新鲜的鱼一夜间直接从东海岸运到伦敦。英国人在鱼上面裹上糊放在油里炸好，和炸土豆条一起吃。人们把盐和醋的混合调料倒在炸鱼和土豆条上，用报纸包上，然后从纸包里拿着吃。如今，人们经常用清洁的纸包装，并提供一个餐叉。

8. 女神玛莉莲 · 梦露为土豆代言

玛丽莲 · 梦露

土豆要感谢一位“女神”，是她让土豆真正走向世界舞台。她就是玛丽莲 · 梦露。1951 年，她穿上爱达荷土豆麻袋制成的超短裙，是史上最性感的土豆代言人。从 20 世纪 60 年代开始，“薯片、胶片、芯片”成为美国文化软实力的标志，不断向世界输出。

1951 年玛丽莲·梦露为土豆代言

四、土豆文化与精准扶贫

翟乾祥（1925），北京人，天津历史博物馆研究馆员，主要从事中国农史研究。他对中国土豆文化地理研究可谓深入：

“土豆大概是在明末引进中土，随即成为皇家的珍馐（只是可惜中国好吃的太多，没有被皇家御膳房多加珍视）。乾隆中叶后，人口增加，急需增加粮食产量，再加上户口管理放松，农民有了迁徙自由，土豆才得以向全国推广。”土豆在各地引种后，很快融入本地风土，形成很多别名，据统计中国土豆的名字有七十个之多，且彼此混淆。厘清其名称演变，可以使土豆引进推广的过程更加清晰。

1. 时代机遇——精准扶贫

中国土豆生产地与贫困地区分布高度重合，全国 592 个贫困县中有 549 个以土豆作为主要作物，这些地区多采用传统粗放的自留薯种种植方式，因病毒积累传播使得品质呈退化趋势，影响了潜在产能的发挥。

丰收的喜悦 摄于察北

2. 战略机遇——土豆逐渐成为我国第四大主粮作物

土豆主粮化的内涵，就是用土豆加工成适合中国人消费习惯的主食产品进行消费升级，实现土豆由副食消费向主食消费转变、由原料产品向产业化系列制成品转变、由温饱消费向营养健康消费转变，同时兼顾发展各种休闲食品和鲜食品种并重，作为我国三大主粮的补充，逐渐成为第四大主粮作物。

随着我国农业供给侧结构性调整进程加快，预计“镰刀弯”地区[1]玉米等粮食作物转产土豆现象将继续增加；同时，鉴于我国土豆主产区与全国贫困县分布区域高度重叠，在精准扶贫力度持续增加及一二三产业融合发展的背景下，西北、西南等适宜种植土豆的贫困地区的种植面积可能继续增加。因此，在不出现大范围、深程度疫病的情况下，全国土豆生产将继续保持快速发展，预计2017年种植面积将达8696万亩，总产量或将达到创纪录的9682万吨，同比分别增长2.0%和5.2%。

中国农科院马铃薯科学家熊光耀先生

【1】“镰刀弯”地区，包括东北冷凉区、北方农牧交错区、西北风沙干旱区、太行山沿线区及西南石漠化区，在地形版图中呈现由东北向华北－西南－西北镰刀弯状分布，是玉米结构调整的重点地区。

3. 消费平稳增长

历史数据表明，食用消费占土豆消费总量的比重不足70%，但仍是我国土豆消费的最主要部分。从消费趋势看，在人口总量基本稳定、蔬菜供给总体均衡等情况下，土豆的居民日常消费将保持基本稳定，而农民外出务工等集团消费随着返乡创业和回乡务工等的增加将继续保持缩减态势，虽然快餐食品、休闲食品等多种消费渠道可能会有所增加，但对整个消费拉动作用有限。受市场供给充足等影响，淀粉等加工行业原料不足等现象有望加速缓解，加上加工主食化战略的深入推进，土豆加工消费量可能大幅提升，预计全年加工量有望恢复至823万吨，同比增长11.8%。随着我国原原种、一级和二级脱毒种薯普及率进一步提高，种薯消费将继续保持增加态势。同时，受收获机械化程度和生产水平不断提高等影响，破损率和商品率持续提升，残破小薯比例有所下降，饲用原料薯或将有所减少。[1]

中国种植土豆的面积和产量均占世界的四分之一左右，已成为土豆生产和消费第一大国，但中国土豆的人均消费量仍然低于世界平均水平，这是在土豆主粮化战略发展中亟待解决的问题。

【1】以上信息来自农业部市场与经济信息司

五、马克思和梵高的土豆对话

卡尔·马克思的生日是1818年5月5日，金牛座；文森特·梵高的生日是1853年3月30日，白羊座。梵高有没有读过马克思的著作世人还不知道，但他们在土豆的世界中有着异曲同工的交集。

卡尔·马克思用“土豆”形象地比喻法国的农业经济：“小农人数众多，他们的生活条件相同，但是彼此间并没有发生多种多样的关系。他们的生产方式不能使他们互相交往，而是使他们互相隔离。这种隔离状态由于法国交通不便和农民的贫困而更为加强了。他们进行生产的地盘，即一小块土地，不允许在耕作时进行任何分工，应用任何科学，因而也就没有多种多样的发展，没有任何不同的才能，没有任何丰富的社会联系。每一个农户差不多都是自给自足的，都是直接生产自己的大部分消费品，因为他们取得生活资料多半是靠与自然交换，而不是与社会交往。一小块土地，一个农民的一个家庭；旁边是另一小块土地，另一个农民和另一个家庭。一批这样的单位就形成一个村子；一批这样的村子就形成一个省……这样，法国国内的广大群众，便是用一些同名数相加形成的，好像一袋土豆是由袋中的一个个土豆所集成的那样。”[1]

传统中国的小农也和法国一样，也如同一个个“土豆”；中国的小农社会，也是由一袋袋土豆组成的“土豆社会”。小农祖祖辈辈被束缚在一小块土地上，日出而作，日入而息，过着自食其力、自给自足的安定生活。他们的渺小与皇权专制的强大形成了两极反差。强控制把他们局限在一个狭小的空间和一个仅仅能够维持最低生存的低层次上。对改变这种生产和生活方式的无能为力，对繁重的赋税、徭役和兵役的超常承受，对伦理纲常礼教教化的认同，都使他们永远是一个个“土豆”。再加上这种封闭的小农经济又与有限的家庭手工业牢固地结合在一起，一些极为有限的手工业产品的交换，也能弥补日常生活的不足，所以，这种小农经济具有很大的独立性、分散性和坚韧性，没有强劲的外力难以打破其超稳定结构。

从古到今都有一些人，他们不顾个人得失，所从事的事业就是为了改变这个世界的一些不好的、过时的规则，或者为了这个世界更美好。可是他们中的许多人却可能因为遇到经济上

【1】《马克思恩格斯选集》，北京：人民出版社，1974年版，第693页。

的问题而不得不将事业中断或放弃，这时候如果有人在后面给予他们无私的支持与帮助，他们就可能将事业进行到底并且取得辉煌成就。像马克思，他在恩格斯的帮助下得以创立共产主义学说，为人类作出了不朽的贡献。

画家梵高有崇高的理想和目标，他想在画中表达个人感受，表现个性，可惜生不逢时，当时的人们根本不理解他的想法，也不欣赏他的画，以致他郁郁而终。梵高是不幸的，也是幸运的，幸运的是他有一个一直在后面无条件支持他的弟弟提奥。提奥就像马克思背后的恩格斯，正因为有了提奥的支持，梵高才有可能将他绘画的理想实现，将他对绘画的独到、创新性的见解呈现在他的画布上。虽然在他生前这些画得不到大众的认可，不过他应该是预感到将来他的这些画乃至他绘画的思想一定会发扬光大的，只是他不想再等下去，不想再拖累提奥；或者是他觉得他已经将他的思想在他的画中表达得很清楚了，所以也就不再留恋这俗世。我们在尊崇马克思、梵高时，对他们身后的支持者同样要满怀敬意。正是因为有了这些人的支持，他们才有可能将有益于人类的事业进行下去。

《吃土豆的人》是梵高在纽南时期的杰作。朴实憨厚的农民一家人，围坐在狭小的餐桌边，桌上悬挂的一盏灯，成为画面的焦点。昏黄的灯光洒在农民憔悴的面容上，使他们显得突出。

梵高《吃土豆的人》

低矮的房顶，使屋内的空间更加显得拥挤。灰暗的色调，给人以沉闷、压抑的感觉。画面构图简洁，形象纯朴。画家以粗拙、遒劲的笔触，刻画人物布满皱纹的面孔和瘦骨嶙峋的躯体。背景色稀薄浅淡，衬托出前景的人物形象。

然而，这幅画所需的能力远远超出了刚刚掌握绘画技巧的梵高所能达到的领域。要使所描绘的这几个人看上去很自然，这对一个缺乏经验的人来说几乎是不可能的，油灯发出的微弱光使工程更加艰难。想尽可能清晰地描绘阴暗的场景，他在颜色的使用上显得不那么有信心。

和米勒的《荷锄者》形成鲜明对比的是，梵高的《吃土豆的人》尝试着描绘农民在家里所得到的片刻休息，他们的卑微，他们的自然，是梵高努力“真正在画农民”的关键。梵高在色彩上为了突出其内容，特意采用了夸张的形式。画面色彩处于阴暗色调之中，给人以沉闷、压抑的感觉，画上的惨白色灯光与微绿的昏暗色调的对比，造成一种幽暗低沉的气氛，使人物形象显示出强烈的光点，盛土豆的盘子里散发出缕缕的蒸气，这一切都活画出了贫苦农民家庭生活的真实情景。

马克思用语言揭示了资本主义的本质，梵高则用画笔描述着对劳动人民的同情和爱。无论用哪种方式，土豆都是一种符号象征：它既能够帮助人类摆脱食物困境，也能够带给人类以幸福和健康、希望和光明。

六、土豆联合国

联合国世界粮农组织提出打造一个“零饥饿”的世界。

根据世界粮农组织的调查，世界上还有许多国家因为食物的短缺而导致饥饿。世界粮农组织、国际农业发展基金会、联合国儿童基金会、世界粮食计划署和世界卫生组织联合编制了2018年《世界粮食安全和营养状况》报告，旨在为国际社会提供有关消除饥饿和改善营养等方面的信息。9月11日，联合国在意大利罗马发布报告。

近年来的饥饿和粮食不安全趋势新证据继续表明，世界饥饿人数继长期下降后近年来有所增加。全世界近九分之一的人口，约 8.21 亿人，食物不足。

非洲几乎所有分区域以及南美洲的食物不足和粮食严重不安全状况似乎有增无减，而亚洲大部分地区的食物不足情况较为稳定。

饥饿和粮食不安全问题加剧的这些迹象给我们敲响了警钟，即要实现一个无饥饿世界的道路上确保“不让任何一个人掉队”，还有大量工作要做。

“到2030年，消除饥饿，确保所有人，特别是穷人和弱势群体，包括婴儿，全年都有安全、营养和充足的食物。”

2017 年版《世界粮食安全和营养状况》预测，全世界食物不足发生率长达十年的下降已经结束，并可能发生逆转。这种状况主要由以下方面因素造成：冲突地区局势持续动荡，世界许多区域发生了恶劣的气候事件，经济下滑，影响了和平环境的形成，加剧了粮食不安全形势。现在新的证据证实，一些国家的人均粮食消费水平较低，在另一些国家，人们获取粮食的能力不均现象增加，因此预测 2017 年全世界范围内膳食能量消费不足的人口比例将进一步增加。世界粮农组织最新估计数据显示，全世界人口中食物不足的比例，即食物不足发生率，似乎已连续两年增长，2017 年可能达到 10.9%。

在改善营养方面取得的进展

全世界有 5000 多万名五岁以下儿童受到消瘦的困扰，其中大约一半生活在南亚，四分之一生活在撒哈拉以南非洲。要解决儿童消瘦问题，需要采取多管齐下的方法，包括预防、早期识别和治疗。

目前，在减少儿童发育迟缓方面取得了进展。然而，2017 年全世界仍有近 1.51 亿五岁以下儿童（22%）发育迟缓。这个比例低于 2012 年的 25%，主要得益于亚洲地区取得了进展。超过 3800 万五岁以下儿童超重。

女性贫血和成人肥胖发生率不断增长。全球三分之一的育龄妇女贫血，八分之一以上的成人肥胖。

土豆因为其高产、节水、广泛的种植适应性，能够成为缓解粮食安全和解决饥饿问题的重要农作物。在 2005 年 11 月联合国粮农组织两年一次的大会上，秘鲁常驻代表提出一项决议，呼吁关注土豆对粮食安全和扶贫领域的重要性。这一决议获得大会通过，并提交联合国秘书长。此后，联合国大会通过决议，正式宣布 2008 年为“国际土豆年”。

纽约联合国总部举行了特别仪式，正式宣布 2008 年为“国际土豆年”，在提高公众意识的同时，进一步鼓励发掘土豆的潜力。联合国粮农组织介绍说，“国际土豆年”就是要让人们对土豆以及整个农业生产都引起高度重视，以助于解决饥饿、和环境威胁等全球性问题。

据美国人口统计局国际研究计划中心的估计，目前全球人口已超过65亿，未来20年，全球每年将增加约一亿人口，其中95%来自经济欠发达的发展中国家。尽管进入21世纪以来，每天生活费不足1美元的贫困人口数量呈逐年下降趋势，全球贫困人口比例持续下降，到2018年，其占比已经低至8.6%，但粮食问题仍是不可忽视的大问题。“现在食品供应所承受的冲击波是非常真切的，我们意识到的一个事实是：没有足够的粮食来喂饱整个世界”，设在秘鲁首都利马的“国际土豆中心”主任帕梅拉·安德森说道，“而土豆，将会是(粮食危机)解决方案的一部分。”

设立“国际土豆年”，可以使人们认识到土豆这种“不起眼的块茎”在农业、经济和世界粮食安全方面所扮演的“关键角色”。此外，“国际土豆年”还有一个非常现实的目标：促进以土豆为基础的农作物系统的可持续发展，从而改善全球土豆种植者和消费者的福利，帮助充分挖掘土豆作为“未来食物”的潜力。

世界粮农组织总干事迪乌夫表示，单从收获的数量上讲，廉价的土豆是世界第四大粮食作物，仅次于小麦、水稻和玉米。

土豆也是世界头号非谷物类粮食产品，2007年全球土豆产量又创新高，达到3.2亿吨。尤其在发展中国家，土豆消费量正强劲增长，目前已经占到了全球土豆收获量的一半以上。土豆栽培方法简单，所含热量高，使其成为发展中国家数以百万计农民宝贵的经济作物。今天，从中国的云贵高原到印度亚热带低地，从爪哇赤道地区到乌克兰大草原，全世界有近20万平方公里的农田被用来种植五千多个不同品种的土豆。设立国际土豆年是要强调土豆对发展中国家数亿人口的粮食安全有着至关重要的作用。对于低收入贫穷人口而言，土豆是重要的食物来源，也是一个被埋没的宝贝。

美国《福布斯》双周刊网站2015年2月8日刊登题为《中国未来的绿色黄金：土豆》的文章，文章指出，美国从中国获得的一些油水很大的合同，未来数年可能会因中国农业经济政策上的急转弯而受到损害。由于对粮食进口不断增加的趋势看似停不下来感到严重的担忧，中国农业部门提出，到2020年使中国土豆的种植面积翻一番，达到2500万英亩（约合1.5亿亩），约等于匈牙利的面积。

说到土豆，中国已经是世界上最大的生产国，并且产量过剩——在土豆出口国中目前中国位居第10。政府专家现在发现土豆有非常多的好处。

首先是它的能量：同等重量下，土豆释放的卡路里要比稻米或（面包中的）小麦多。因此相对谷物而言，增加种植土豆将使中国能够获得更大收益，从而降低进口如此多玉米和小麦的必要性。此外，中国有大规模扩大种植土豆的潜力。这反过来也将给中国农业提供减少种植其他谷物的机会。这样做还会休整土地和提升增加轮种作物的潜力，而这有助于保存土壤的肥力，从而维持甚至提高作物的产量。对中国来说有巨大的吸引力，因为经过数十年过度密集地使用杀虫剂和肥料之后，中国 40% 以上的耕地存在地力衰减的问题。

张家口察北地区的土豆

土豆另一个非常宝贵的优点在于它对水的需求量相对较小。土豆每年需要的降雨量为350毫米，而小麦和水稻的需求量分别为450毫米和500毫米。中国东北目前平均每年的降雨量为350毫米，因此东北可以从种植小麦和玉米，改种需水量相对较少的土豆。此刻，为种植小麦、玉米和水稻，东北不得不进行大规模的灌溉。然而，中国的这一地区饱受沙漠化之苦，缺水现象越来越严重。灌溉用水目前占到中国总耗水量的70%。

此外，种植土豆的一点重要好处是它是劳动密集型产业，种植土豆的劳动力约是谷物的两倍，这将可以帮助那些留在乡村里的农民获得就业机会和收入。但是，这一切是附带一些条件的，达到政府规定的土豆种植目标将需要花费一段时间。虽然土豆几乎在400年前就被从拉美引入中国，但是中国人并不认为它是当地餐桌上的主食。这需要我们采取初步而有力的土豆推广活动，将土豆的烹饪方法和生土豆加工成迎合中国人口味的食品进行研究。

基于此，笔者联合生产土豆的地方政府，萃集传媒、文创、设计、金融、投资等一百个中国乃至世界级企业，本着“共识、共享、共建、共赢”的原则，打造超级土豆IP公益联合体，形成“土豆联合国”，配合世界粮农组织在中国土豆的宣传、教育、

作者与创意产业的土豆联合宣言

推广工作，并在2018年9月28日，发布了第一次的土豆宣言。

土豆文创世界联合宣言

2018.9.28

迁流为世，十方为界。

人类繁衍生息，土豆之功不可磨灭。

自农耕肇始，孕工业文明，至信息社会，土豆因不避贫瘠土壤，适应区域广泛，耐寒高产，伴随人类社会不断前行。

马克思的《资本论》是在无数土豆的陪伴下写成的。

恩格斯说：“铁已在为人类服务，它是在历史上起过革命作用的各种原料中最后的和最重要的一种原料。所谓最后的，是指直到土豆的出现为止。”

当代美国史家查尔斯·曼认为：“土豆在近代史上的地位可以与蒸汽机的发明平起平坐。”由此足见其在经济生活中的重要性。

可大多数人，耽于物质世界泥沼，沉湎娱乐精神之中，对涵养生命的重要粮食无动于衷，对土豆的大用熟视无睹。更有学界，对土豆的节能、高效缺乏深刻认识，对其对人类发展的作用刻意忽视，实乃时代之悲哀。

根据联合国粮农组织发布：时至今日，全世界有八亿多人处于饥饿的状态，每九个人中就有一人在生存的边缘！而全球人口已经突破七十亿，本世纪末可逾百亿之多！

粮食危机无处不在，世界饥荒一触即发！

让世界华人之创意设计精英联合起来！

让世界各界文化艺术精英联合起来！

让世界有识之士联合起来！

土豆是设计人的大舞台，是世界上价值极大的农产品：具有无可替代的符号性、延展性、实用性、生态性！

让我们用土豆构建起安全的食物堡垒！

让我们用土豆联合世界，构建起营养、健康、幸福的生态文明！

2049 年，中国土豆，全面发展为健康主粮，以崭新的生态文明符号走向世界！

发起单位：世界联合公益基金会土豆联合国

太阳能便携烤土豆，土豆世界文创无限

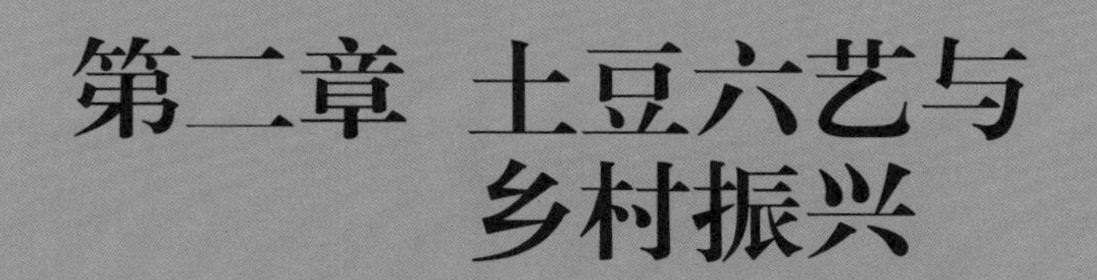

第二章 土豆六艺与乡村振兴

一、土豆仅仅是用来吃的吗?

在21世纪“沉浸式”体验经济大行其道的今天，土豆从种植到生长，从田间到餐桌，从物质到符号，从本体到观念，作为重要的要素禀赋，从土豆乐园到土豆田园文旅小镇，可以挖掘出来许多好玩儿的“新体验”，来与消费者互动沟通，我们称之为土豆六艺。

◆农艺——展示土豆的农作过程，从品种的差异区别土豆的用途；

◆工艺——是土豆通过加工展示出来的各种产品，凸显多元化价值；

土豆美食

◆食艺——就是吃法，通过烹饪、鲜榨汁、养生餐甚至太阳能，鲜食土豆美味；

◆游艺——把农业景区和土豆符号进行挖掘，打造具有场景的IP体验小镇；

◆演艺——通过土豆动漫形象和角色，运用动画片、剧场和游戏实现互动；

◆文艺——通过文学、艺术产业，对土豆IP进行衍生授权，开发系列礼品。

北京昌平西峰山下

本章将探讨如何以“土豆农艺+游艺+文艺”，探索乡村振兴的实施道路。

田园变景区，作者种植土豆的实战课

土豆都吃过，土豆花大家见过吗？用土豆花做成的大地艺术和风景区，相信很多朋友都想到现场进行体验，观土豆花，吃土豆宴，享受田园美景和自然的清新空气，对下一代进行农事体验教育。土豆品种很多，世界上大概有3800种以上的土豆，开出白的、紫的不一样的花儿，有的还有淡淡的香气。艺薯家协助在山西省吕梁地区岚县的土豆花开旅游风景区，通过多年的打造，已经形成远近闻名的“土豆十景”，“南有婺源油菜花，北有岚县土豆花”。土豆花盛开时节，周围十里八乡以及北京、太原、大同甚至内蒙古及西部地区的游客都趋之若鹜，来吕梁岚县河口乡欣赏这一迥异于城市的新奇特田园风光。未来，从土豆花旅游景区到田园综合体，再到土豆花田园文旅小镇，我们会协助乡村，把旅游观光、土豆精深加工、土豆驿站和养生养老结合起来，形成一条完整的产业链，深度挖掘土豆文化内涵，形成产业与文化交相辉映的市场格局。

作者于滕州

二、土豆与乡村振兴

文化产业化：新的产业发展离不开文化要素的作用，那么，这在理念上就要告别“文化搭台”的传统观念，因为它仅仅是把文化作为一种外在的形式，而不是作为内在的驱动力，或者内生发展的动力。只有这种理念的转变才能带来真正的文化提升及产业价值的飞跃。

产业的文化化运作是经济和产业发展的新理念与新方法。它包括两个部分。一方面，它是以文化产业的方法来促进文化元素和文化艺术创意的跨界应用，其中的一个具体领域也可以称为文化产业的跨界化转型。比如说，通过举办专业会展来提升创意、设计水平，可以促进传统产业特别是制造业提高附加价值。另外一个领域是以专业化的文化产业来带动传统产业的产品和服务营销；另一方面，则是以文化和创意的要素来改造和提升某个行业，促进产业升级并走向高端产业。

在国家提出乡村振兴战略之际，本着“农区变景区，农品变产品”的原则，我们首先从世界范围内，对创意观光农业进行分类。

1. 根据德、法、美、日、荷兰等国和我国台湾省的实践，其中规模较大的主要有五种。

(1) 观光农园：在城市近郊或风景区附近开辟特色果园、菜园、茶园、花圃等，让游客入内挖薯、摘果、拔菜、赏花、采茶，享受田园乐趣。这是国外创意观光农业最普遍的一种形式。

(2) 农业公园：即按照公园的经营思路，把历史文化古迹、农业生产场所、农产品消费场所和休闲旅游场所结合为一体，有较为完善的服务配套设施。

(3) 教育农园：这是兼顾农业生产与科普教育功能的农业经营形态，有着完整的农耕教学系统和农业体验教育环境，代表性的有法国的教育农场，日本的学童农园，我国台湾的自然生态教室等。

山西吕梁岚县的土豆花风景区

(4) 森林农业公园：在自然禀赋较好的森林里面，集合休闲农业观光采摘休闲，比如蘑菇公园，利用林下经济来发展休闲体验项目。

(5) 民俗观光村：到民俗村吃住行游购娱，感受农村气息，体验农民生活，例如山西岚县的土豆花旅游风景区，旁边的王家村逐步发展成为薯宴村，

创新源于细节：安装土豆丰收之神雕像

各种土豆美食一应俱全，结合当地特色的土豆花和文化景致，形成独特的文化风景。

2. 从消费者体验的角度，乡村振兴的方向按创意观光农业功能可分类为：观赏型创意观光农业；品尝型创意观光农业；购物型创意观光农业；务农型（参与型）创意观光农业；娱乐型（互动型）创意观光农业；疗养型创意观光农业；度假型创意观光农业等。

3. 按人工痕迹来分，可分为如下几类。

（1）自然友好型：利用自然景观，发展土豆花、油菜花、稻田收获、观山、赏景、登山、露营、穿越、烧烤、森林浴、滑雪、滑水、滑草等旅游活动，让游客身临其境地体验农业，感悟大自然、亲近大自然、回归大自然。

主要类型有：农业景区、湿地农园、水上乐园、房车营地、自然保护区等。

（2）景观人造型：即在自然景观、人文的基础上，通过人工的规划、设计，加入更多科技、人文等元素，打造综合性的观光模式，让游客既能从中欣赏到自然美景，又能体验到历史文化新事物，还能增长见识。

主要类型有：文化体验乐园、历史典故乐园、教育园、科技体验园等。

（3）异域风情型

我国幅员辽阔，生态丰富，有滨水草地，江南水乡，热带雨林，高原雪山；有 56 个民族，有丰富多样的民俗风情。得天独厚的山水、气候、植被、生态和人文优势，承载着农业生产、农民生活、生态涵养等重要生产生态功能。在这些地区，可以打造民俗风情旅游模式。可以依托其丰富的特色民风、民俗资源大力发展休闲农业，促进民族传统文化保护、传承与弘扬。通过土豆符号系统穿插其中，着力于保护特色村庄和田园风光，发展以特色乡村游、民族风情游、村落风光游等为特色的休闲农业新兴观光度假模式。主要类型有：

科技文化游：可以利用现代农业科技手段以及农耕技艺、农耕用具、农耕节气、农产品加工活动等，结合土豆的历史文化传奇，开展农业文化旅游。比如山东滕州的土豆文创体验园，通过科技设施农业，利用高科技靶向营养型地种植高品质土豆和金瓜轮作，获得良好的收益，同时逐渐结合乡村旅游把土豆文章做大。

民俗文化游：即利用居住民俗、服饰民俗、饮食民俗、礼仪民俗、节令民俗、游艺民俗等，开展民俗文化游。比如山西吕梁岚县的面塑街，用隋代的一条老街来演绎中华文明悠久的民俗风情。

乡土文化游：则是利用民俗歌舞、民间技艺、民间戏剧、民间表演等来开展乡土文化游。比如湖北恩施的土家族文化园，浓郁的民族风情令人流连忘返。

民族文化游：利用民族风俗、民族习惯、民族村落、民族歌舞、民族节日、民族宗教等开展民族文化游。比如拉萨娘热民俗风情园。

乡村振兴战略是一个良好的历史机遇，在我国发展创意观光农业的有利条件有以下几点。

（1）创意观光农业投入少、收益高。创意观光农业项目可以就地取材，建设费用相对较小，而且由于项目的分期投资和开发，使得启动资金较小。另一方面，创意观光农业项目建设周期较短，能迅速产生经济效益，包括农业收入和旅游收入，而两者的结合使得其效益优于传统农业。例如：农产品在狩猎、垂钓等旅游活动中直接销售给游客，其价格高于市场价格，并且减少了运输和销售费用。

（2）我国地域辽阔，气候类型、地貌类型复杂多样，拥有丰富的农业资源，并形成了景观各异的农业生态空间，具备发展创意观光农业的天然优势。

（3）创意观光农业的一大特征是它体现了各地迥异的文化特色。我国农业生产历史悠久，民族众多，各个地区的农业生产方式和习俗有着明显的差异，文化资源极为丰富，为创意观光农业增强了吸引力。

尽管国内的创意观光农业发展如火如荼，但是由于经营者自身运营能力的不足和相关政策部门管理还未跟上，创意观光农业发展过程中还是出现了一些问题。

（1）经营和开发各自为政，效应差，文化内涵挖掘不够

在创意观光农业开发和经营中普遍存在各自为政的现象，资源与资金没有形成有效合力。普遍存在规模小、运营者品牌意识淡薄的现象。片面强调对乡村自然资源的开发，而忽视了对乡土文化、乡村民俗等文化内涵的开发以及对乡村旅游文化狭义和片面的理解，忽视了对农村其他资源的开发和利用。

（2）普遍缺乏规划，盲目经营

有的农户看到人家搞创意观光农业致富了，自己也办起了创意观光农业。既不做市场调查，也不做规划设计，就用自己的农田、果园搞起旅游来。结果因低层次开发，品位不高，盲目竞争，相互杀价；有的创意观光农业开发只重规模，不讲质量，粗制滥造；有的地方在创意观光农业开发建设上脱离了朴素、自然、协调的基本原则，贪大求洋，追求豪华，建设上大兴土木，建筑物富丽堂皇，不仅脱离了农业旅游的内涵，而且还破坏了当地资源和环境；有的地方不对当地农村资源优势和风土人情进行认真调查研究，而是采取“拿来主义”，生搬硬套，不切实际，效果也不理想。

（3）从业人员素质不高，管理混乱

由于创意观光农业的开发和研究均处于非常基层的环节，农业旅游的经营管理人员相对较少，从业人员缺乏系统有效的培训。在实际操作中，当地农民既是管理人员，又是服务人员，处于粗放经营中，形成轻管理、低质量、低收入的恶性循环，严重制约了创意观光农业的发展，也是乡村振兴亟待解决的问题。

（4）模式单一，产品特色少，雷同多

目前国内农业旅游多集中开发休闲农业和创意观光农业等旅游产品，而对乡村文化传统和民风民俗资源的开发重视不够，过分地依赖农业资源，缺乏对文化内涵的深入挖潜，地域特色文化不突出。全国的创意观光农业园中，观光果园、垂钓园、观光林场开发比较多，设计的一些旅游活动大多雷同，集中于观光、采摘、垂钓等活动。旅游项目缺乏特色，失去吸引力。有的园区由于决策偏差、投资不到位等原因，使得设计的项目既达不到高科技带来的先进、科学、令人叹为观止的效果，又破坏了田园应有的恬静、质朴、悠然自得的风光，造成了雅不雅、俗不俗的尴尬局面。

（5）宏观管理有漏洞

由于管理体制的问题，国家税收受到了一些影响，也不能保证游客得到最大的满意度。不少创意观光农业存在偷税漏税的现象，不给游客提供发票，对于游客的服务质量也大打折扣。目前大多数地方政府都没有制定创意观光农业的总体规划，也没有明确的管理机构和管理办法，园区布局不尽合理。尽管有些地区的建设、农林、水利和旅游部门都制定了一些相应的标准来评定景区建设，但是往往导致多头管理，缺乏宏观的控制和指导，加上投资者自身的局限性，使得投资决策显得随意和盲目。

（6）宣传促销不力，行业整体缺乏系统性营销策略

目前国内创意观光农业的促销仍采用比较原始的手段，现代的品牌意识、营销手段采用得很少，使得创意观光农业的宣传面很窄，营销效果也不尽人意。

与薯农在一起——河北阜平

（7）观光的季节性成为创意观光农业的发展瓶颈

创意观光农业的季节性很强，存在着明显的淡旺季差别。往往是旺季车水马龙，淡季门庭冷落，造成了资源的浪费。另外，由于气温和气候的缘故，春季和秋季是观光农园的黄金时期，但是夏季和冬季的情况就不是很好，有的时候甚至只及旺季的三分之一。这是创意观光农业与其他景区景点，尤其是与其他人文景点相比最明显的区别。像采摘节、赏花节前后仅持续十几天甚至几天的时间，这就造成了旅游旺季特别短，游客的数量比较少，旅游收入也就相应减少。因此，如何延长观光时间、随着季节的变换进行项目的变换是创意观光农业研究的重要课题。

（8）产业规模狭小

创意观光农业范围广，类型多，但总体规模小，缺乏综合性的观光休闲农业场所，缺乏文化氛围，经营者素质不高，管理不够规范。功能单一，聚类效应差。创意观光农业建设中“小、散、浅”的现象也比较严重。小是指创意观光农业景区的规模小，规模小的景区很难获得可观的经济效益。散一方面是指各种特色、功能的创意观光农业项太分散，无法连在一起，不能让游客尽兴。另一方面，创意观光农业在其经营管理上太散，还没有按照产业化的理念把创意观光农业与科研机构、旅游公司、运输公司等作为一个产业链进行一体化经营，大多数创意观光农业景区各自为战，既加大了消费者的费用，也增加了创意观光农业的经营成本。浅主要是指目前创意观光农业建设大多停留在外延的扩大上，还没有更多地注重创意观光农业的文化内涵和科技内涵的扩大。

以土豆景区为例，乡村振兴的发展对策有以下几点。

首先，从宏观上来讲，做好乡村振兴需要由政府加强规划和引导。应根据本地区的经济社会发展情况，组织有关产业发展、文旅规划专家对创意观光农业的需求进行预测，对本地及周边地区的农村旅游资源进行科学评估，对创意观光农业发展的目标和特色进行恰当的定位，对属地内的创意观光农业园给予指导，把创意观光农业纳入本地区经济社会发展的总体框架之中予以安排，并制定有效的扶持政策和促进措施。

其次，从微观层面看，要从创意观光农业的基本单元着手进行规划和整改。创意观光农业园的投资和经营主体一般是企业或农户。针对管理人员素质不高、管理混乱的情况，政府应对他们进行引导和培训，指导他们对园区进行科学规划，在经营方面进行有效的分工和合作。创意观光农业园的业主为提高园区的经济效益和社会效益，应努力掌握园区科学规划的理念和经营方法，学习外部的先进经验，不断总结自身经验教训，跟踪市场需求，优化项目配置，加强内部管理。

第三，加深和拓宽创意观光农业文化内涵，增加乡土文化、民俗文化等内容。比如说农家乐观光旅游这种模式，首先要提供给游客舒适、卫生、安全的居住环境和可口的特色餐饮和食品；还要提供给游客农业生产、农家生活体验的活动和场所；最需要加强的是利用当地民俗文化、古村落或民居住宅、农业文化遗产等，吸引游客前来观赏、娱乐、休闲，提供给游客一种原生态的民俗民风体验。如笔者亲自参与运营的安徽黟县宏村以及四川成都郫县农科村农家乐，北京的爨底下生态民俗村。

第四，倡导发展乡村手工业。针对文旅体验模式单一、产品特色少的情况，应在统一规划和政府指导下，发展当地特色文化产品开发，在农业产业链延伸上做些文章。农业也时尚，也优雅，农业也文明。将创意与农业文化产品与旅游结合起来，大力发展乡村手工业，如土豆粉丝、土豆醋、乡村土豆酒、手工土豆皂，既可以增加农产品的附加值，给农民增收，也可以改变农业生产结构。应该说，乡村手工业可以通过工艺手段，将“土豆工艺”的价值发挥到极致，大大提升土豆农产品的附加值。

所谓创意农业的开发实际是传统农业的延伸拓展，这一延伸并不仅仅局限于农业单一产业层面上，而是需要整合多层次产业链，将一二三产业有机融合联动，因而成为推动农业结构优化升级的有效方式。因为单一的观光、采摘、垂钓等活动已经不能满足人们的需求，通过创意农业，以文化元素提升创意农业产业附加值，创造出“新、奇、特”农产品来吸引消费者的目光，满足人们精神和文化需求，才能提高消费需求，开拓新的消费空间。在追求农产品“新、奇、特”的同时，不能破坏田园应有的恬静、质朴、悠然自得的风光。

第五，针对创意观光农业季节性局限的问题，可以加强规划，打造适合于不同季节的观光模式，突破发展的瓶颈。比如主营田园农业观光的模式特别受季节的限制，北方到冬天农业生产基本停止。在这种情况下，一来可以利用高科技，种植一些温室蔬菜、水果，加点创意，将蔬菜水果艺术化、观赏化，如北京顺义石槽的五色花生，张晓光的扁圆、方形西瓜；二来可以发展农产品加工，比如麦秸秆加工、南瓜工艺品、柿子工艺品等；三来可以利用民俗民风，如饮食文化，像怀柔的豆腐宴；四来可以开展地方性的节庆活动，如草原音乐节、土豆烧烤节、剪纸节、祭天活动等。少数民族可利用的节庆则更多了，如泼水节、尝新节等。

第六，针对产业规模的问题，关键在于宏观管理和规划。现有创意观光农业“小、散、浅”的现象比较严重，那就将各种特色、功能的创意观光农业聚合起来，让游客有不同的选择，可以尽兴一玩。另外要将创意观光农业与科研机构、旅游公司、运输公司等作为一个产业链进行一体化经营。

“土豆六艺”是一种基于乡村振兴战略的产业实践，其他农作物可以参照这种模式进行深度挖掘，我们常说，要重视两颗种子：一颗种在田野里，一颗种在消费者的心中。创意观光农业体验经济就是把农产品通过一系列的创意服务，把消费的观念扎根在消费者心里。总之，创意观光农业应将创意农业、生态农业、农业文化遗产和旅游、加工产业和服务结合为一体，将一二三产业有机融合联动起来，突破现有小规模、管理混乱的模式，通过统一规划和科学管理，深做功夫，规模发展，拓展其文化内涵，增强其民俗民风特色。同时，还要做好品牌的营销推广和深度服务。

作者在 2018 年中国农民丰收节上朗诵《土豆花赋》

第三章 中国土豆消费魅力城市

作者在上海演讲

以土豆为原料制成的小吃

2015年一部美国电影《火星救援》在中国火了起来，创造了极佳的票房。火星是太阳系八大行星之一，天文符号是♂，是太阳系由内往外数的第四颗行星，属于类地行星，直径约为地球的53%，自转轴倾角、自转周期均与地球相近，公转一周约为地球公转时间的两倍。橘红色外表是地表的赤铁矿（氧化铁）。我国古书上将火星称为“荧惑”，西方古代（古罗马）称为“战神玛尔斯星”。

在雷德利·斯科特导演的科幻片《火星救援》中，影星马特·达蒙成功在火星上种出了土豆，引发热议。植物学家马克·沃特尼能够在火星上生存一年多，最主要源自于他非常具有独创性的土豆种植。

然而火星上真能种植土豆吗，国际空间站现在能种植哪些食物以供食用？电影中，马克·沃特尼在等待救援的549天里，用技术利用仅够存活31天的补给，成功在火星上完成造水、造空气、发电，甚至还用自己的便便种土豆养活了自己。虽然火星上种土豆的情节引起了观众的怀疑，但是导演雷德利·斯科特称，在火星上种植土豆并非不能实现，这项技术在美国国家航空航天局（NASA）是有科学实验原型的。

美国宇航局的植物学家Bruce Bugbee称，我们是可以在火星上栽种土豆的，而且可以在火星上种植的不单单只有土豆。事实上，美国宇航局已经在实验室中进行了模拟食物种植，他们所使用的土壤都是模拟真正火星土壤的PH值和化学构成。

科学家们已经在模拟土壤中种植了数十种作物。火星稀薄的大气拥有许多二氧化碳，植物可以借助它们从太阳获取能量。

植物能够吸收二氧化碳并释放氧气，从而将火星改造成一个更适宜人类居住的星球，让火星拥有可以自由呼吸的大气。不过，这位专家表示："将人类粪便直接排泄到植物上会给植物带来微生物威胁。人类的排泄物需要先进行堆肥发酵处理。"

好莱坞的科幻电影，为我们带来了全新的宇宙思维，火星上能不能种土豆姑且不谈，我们来分析一下为什么中国还不能拍出类似的科幻影片，用宇宙想象力来发展我们的农作物用途。未来融入全球化时代的中国，其传统文化怎么和世界文化相融合，这是一个现实而深刻的问题。

全球化为世界各国提供了一个广阔的舞台，然而，任何事物的出现都是有利有弊的。全球化已成为不可逆转的趋势和不可抗拒的客观现实，成为人们日常生活的一部分。总体上来说，还是利大于弊的。

中国传统文化是具有悠久历史的文化，为世界文化的丰富和发展做出了杰出的贡献。在全球化的背景下，中国文化的发展，需要我们理性地看待自身的文化传统，处理好民族性与时代性的关系，也需要我们理性地面对他国的文明，处理好本土文化与全球化的关系。

2019年初，被誉为开启中国科幻片元年的《流浪地球》广受大众欢迎，海内外赞誉声一片。笔者认为现实和科幻应该有一个密切的关联。中国数千年的文化是农耕文明哺育下的文化，其拍出的科幻作品需要找到与传统文化的链接。相较而言，《火星救援》通过土豆这一标志性的载体，透过科技与文化的交相辉映，就展现了与生活非常契合的一面，显得更加真实。相信不远的将来，中国也能够融会贯通传统文化和新时代科技成果，凭借自身想象力，拍摄出好看的“《火星救援》”电影作品。

《火星救援》剧照

推荐中国土豆消费魅力城市

1. 山东滕州，推荐食品——土豆煎饼

滕州马铃薯，山东省枣庄市滕州市特产，全国农产品地理标志。滕州为温暖带季风型大陆性气候，四季分明，光热降水比较丰富，雨热同季，滕州的河流属淮河流域、京杭大运河水系，适宜种植马铃薯。滕州市有 100 年的马铃薯种植历史。滕州马

2018 年，作者与滕州农业局长相会于山西吕梁岚县

2018 滕州马铃薯文化节，作者为学校孩子们介绍马铃薯相关知识，并被聘为学生导师。

铃薯呈长椭圆形，薯块芽眼较浅，表皮光滑，黄皮黄肉，适宜鲜食菜用。2008 年 12 月 3 日，中华人民共和国农业部正式批准对“滕州马铃薯”实施农产品地理标志登记保护。

滕州市是马铃薯的主产区，也是中原地区面积最大的马铃薯二季作种植区。马铃薯是主导产业，在全市地区生产总值中占有主要地位，并且滕州市成立有全国马铃薯协会，使优质马铃薯种植面积达到了 65 万亩以上。滕州市马铃薯是当地农民精心选留与自然选择的结果。在长期的马铃薯种植实践中，劳动人民积累了丰富的种植和繁育经验，经过近 100 年的种植逐步形成了具有代表性的滕州马铃薯品种“费乌瑞它”系列，并在当地广泛种植，深受市场欢迎。滕州的区位优势造就了其中原马铃薯枢纽的独特地位，加上齐鲁文化的浸润，滕州薯宴融汇了很多本地菜系的特色，形成了一道独特的土豆美食风景。

2. 山西岚县，推荐食品——岚县土豆宴，水晶蒸饺

山西省吕梁地区岚县先后成功注册了“岚县土豆”“绿禾马铃薯”等商标，完成了 20 万亩无公害马铃薯产地认定、1 万

吨绿色产品认证，岚县马铃薯已销往太原、北京、天津、上海、广州等地，深受消费者的青睐。岚县气候独特、昼夜温差大、土壤松软肥沃、有机质含量高、出产的马铃薯具有产量高、薯形大、无病毒等特点。同时，在河口、界河口、王狮、岚城等8个地理优势乡镇共建有2万亩绿色商品薯生产基地，实行统一规划、统一培训、统一操作规程、统一生产资料、统一服务标准的“五个统一”标准化生产，确保了产品品质。岚县不但自然地理、气候条件非常适合种植马铃薯，而且该县农民多年来一直有种植马铃薯的习惯。今年该县马铃薯种植面积达到25万亩，占全县总播种面积的40%以上。岚县由农业大县走向农业强县。岚县“土豆县长”乔云告诉记者，县里注册了“岚县土豆”商标，成立了马铃薯协会，岚县马铃薯产业正在从粗放式生产向标准化生产转变，以后马铃薯种植必将成为当地农民脱贫致富的支柱产业。在县委县政府大力支持下，岚县的108道土豆宴已经成为全国知名的消费品牌。

3. 湖北恩施，推荐食品——土家族洋芋饭

恩施马铃薯产自湖北省恩施市，恩施地处武陵山区腹地，是西南山区单双季垂直分布区，平均海拔1000米，山地垂直气候，年平均温度在13–16℃以下，相对湿度80%–85%，年均降雨量1400毫米，气候冷凉，多雨寡照；每年的5–10月，有近半年的时间均为马铃薯收获季节。恩施耕地多为酸性土壤，富含硒元素，

速效钾含量也多在150ppm左右，适宜马铃薯生长，恩施海拔高，气候冷凉，风速大，蚜虫少，自然隔离条件好，不利于病毒的传播，是优良的天然繁殖基地。洋芋是恩施人的主粮，他们从外观上就能分辨出土豆的很多品种，在超市里随处可见干洋芋片、薯片和标出了品种的各种鲜食土豆。恩施的土家族洋芋饭更是美味无比，令人食指大动。

4. 贵州威宁——洋芋片

“洋芋本喜凉”，得天独厚的自然条件，造就了威宁马铃薯产业的发展空间。威宁属亚热带季风湿润气候，冬无严寒、夏无酷暑、冬干夏湿、夏秋多雨、年温差小、日温差大、无霜期短、日照时间长，年平均气温10.2℃，气候冷凉，种植马铃薯具有得天独厚的自然优势。威宁全县耕地面积376.02万亩，分布在海拔2000米至2400米之间的占绝大部分，由于高海拔的特点，马铃薯退化缓慢，为生产优质马铃薯创造了条件，良种覆盖率达到80%。威宁洋芋块大、产量高、品质优、退化慢、口感好，干物质含量高、耐运输、耐贮藏，产量和质量在全国均处于一流水平。威宁县马铃薯淀粉及干物质含量较其他地方高，每生产1吨马铃薯淀粉可节约原料1–1.5吨以上。威芋3号、合作88等种薯产量高，稳定性强，淀粉含量达20%以上，是理想的淀粉加工原料和鲜食产品，会–2号和中心48号高产抗病，淀粉含量在17.5%–19.6%之间，非常适合全粉加工及菜饲兼用。马铃薯含有丰富的淀粉、蛋白质、维生素C和多种氨基酸，营养丰富，具有美容功效。威宁马铃薯无论是食用、菜用，加工薯条、薯片、粉丝，还是马铃薯淀粉、全粉、葡萄糖、酒精、饲料等产品加工，都是最佳选择。此外，威宁马铃薯保存时间长，从每年 8 月份开始到第二年 4 月之间都有充足的原料供应，时间长达 8 个月，加工周期比其他地方多出 2–3 个月。

5. 云南昭通

昭通是全国马铃薯种植面积最大的五个地级市之一，世界马铃薯种薯生产扩繁最适宜的地区之一。悠久的历史、独特的区位、冷凉的气候与适宜的土壤，造就了高质量的昭通马铃薯，产加销一条龙产业链更加完备、市场化更加完善，马铃薯产业已成为昭通高原特色农业六大主导产业之一。据统计，2017 年昭通市马铃薯种植面积达 285 万亩，占云南省马铃薯种植面积的 30.08%，实现鲜薯总产量 352.7 万吨、农业产值 42 亿元。昭通马铃薯优势区种植马铃薯总人口近 110 万户 406 万人，约占昭通市总人口的 68%，其中覆盖建档立卡 ++ 户 19.2 万户 64 万人，占全市建档立卡贫困人口 60% 左右。2015 年，全市建档立卡贫困户人均收获商品马铃薯折价净收入达到 813 元，马铃薯产业收入约占建档立卡贫困户家庭收入的 32%。马铃薯不仅是昭通人民的主食和必需品，更演绎成为了一种文化，深深融入了昭通人的血脉之中。如今的马铃薯，更承载着脱贫致富、建设小康的希望，是乌蒙山区贫困群众脱贫攻坚、全面小康的“致富薯”“希望薯”。探索乌蒙山片区马铃薯产业助推脱贫攻坚的有效途径，打造马铃薯产业产学研结合发展格局，到2020年，昭通市马铃薯种植面积将发展到320万亩，实现鲜薯产量达640万吨，农业产值89亿元，一二三产业融合发展，力争形成乌蒙山区“衣食万户”的百亿马铃薯产业集群。

6. 甘肃定西——洋芋搅团

定西马铃薯，当地人亲切地称呼为洋芋。属甘肃省定西市特产，中国国家地理标志产品。定西种植马铃薯已有200多年的历史。定西马铃薯是多年生草本，但作一年生或一年两季栽培。地下块茎呈圆、卵、椭圆等形，有芽眼，皮红、黄、白或紫色。地上茎呈棱形，有毛，奇数羽状复叶。聚伞花序顶生，花白、红或紫色；浆果球形，绿或紫褐色；种子肾形，黄色。2017年12月29日，原国家质检总局批准对“定西马铃薯”实施地理标志产品保护。定西地处西秦岭余脉和黄土高原结合部的高原丘陵地带，处在北纬34° 26'–35° 35'，东经103° 52'–105° 13′ 之间，全市总面积1.96万平方千米，总耕地面积1218.6万亩。地势西高东低，海拔1420–3941米，境内渭河逶迤东注，洮河曲折北流，构成黄河中上游的主要支流。定西气候属温带半湿润和中温带半干旱区，东南暖湿气流受阻，大陆性气候特征明显，四季分明，夏无酷暑，冬无严寒。年平均气温 5.7–7.7℃，年降水量 400–600 毫米，无霜期 142 天，日照充足，适宜种植马铃薯。

7. 黑龙江克山——烹土豆

克山马铃薯，黑龙江省克山县特产，中国国家地理标志产品。克山县地处北纬 47 度，境内土壤以黑钙土为主，昼夜温差大，气候冷凉，极其适合马铃薯的生长特性，是马铃薯最佳育种带。克山马铃薯发展历经了百年历程，先后培育出 30 个克新系列种薯，具有薯形规整，芽眼浅，口感面、甜、香等特点。克山县被国家确定为“中国马铃薯种薯之乡”。2015 年 12 月 29 日，国家质量监督检验检疫总局批准对“克山马铃薯”实施地理标志产品保护。

8. 乌兰察布——洋芋擦擦

乌兰察布盟集宁市马铃薯种植面积一直稳定在 400 万亩左右，鲜薯总产 450 万吨，在全国地区级位居第一；2008 年农业部认证了“乌兰察布马铃薯”地理标志，2009 年中国食品工业协会正式命名乌兰察布市为“中国马铃薯之都”；2011 年在国家工商总局注册了“乌兰察布马铃薯”地理标志证明商标；2015 年建立自治区首条马铃薯主粮化产品生产线。娃姐公司开发的马铃薯酸奶饼荣获了 2016 年度全国马铃薯主食加工“十大休闲食品”称号；2016 年内蒙古凯达薯都食品的落地，加工的薯条总量占据我国半壁江山；荣誉数不胜数，乌兰察布从中国薯都不仅上升为中国种薯薯都，更成为全产业链的示范地区。

第四章 薯我七十二变

——土豆创业创富计

笔者曾经做为中关村创业学院的导师，构思着通过土豆文化赋能，打造土豆生财之道，顺应国家大众创业万众创新趋势，成就年轻人创业创新梦想的计划，把一些设想和创意分享给读者。

一、餐饮小吃类

2018 年餐饮业达到四万亿人民币的规模，在全国创业创新的热潮中，餐饮创业首当其冲，尤其是单品创新更加赢得信息时代年轻创业者的青睐。我们选择了一些可以通过餐饮创新的土豆单品，希望能够启发到创业者们，通过健康营养、食材普及的土豆来一场“营养的膳食革命”。

1. 宣威铜锅洋芋饭

这道美食是云南、贵州、四川、湖北等地非常受欢迎的洋芋饭，尤其以带有铜锅的宣威地区做法最受欢迎。流程简单易做，搭配好蔬菜，选择校园、市场等人流密集的地方开店，是一个非常优质的创业项目。

2. 意大利土豆球

著名的意大利土豆球是可口美味的地中海著名面食，有现成的原料可以供应，非常适合北、上、广、深和一线城市进行创业服务，也可以调剂满街的意大利披萨，进行适当的口味置换。

3. 西班牙海鲜土豆饭

西餐以土豆当家，西班牙海鲜饭里面放入多一些土豆丁，将芝士和海鲜混合在一起，再配合一点淋满酱汁的薯角，美味能够飘满整条街巷，比较适合上海、广州、北京等比较国际化的城市。

4. 时尚土豆粉

土豆粉深受女孩子的青睐，把店面做成时尚的格调和色彩，把土豆粉用漂亮的容器进行盛装，设计成鲜甜美味的拌酱，能够适合南北方几乎所有区域的口味，土豆粉小店将成为消费升级的新宠。

5. 神农架炕土豆

云贵川鄂名吃炕土豆，几乎在每个南方街巷都可以看到时尚青年拿着小碗吃它的身影，撒上一些辣子沾水，就是菜饭合一的美味主食。其中较为知名的是湖北神农架的小土豆，软糯香甜，适合旅游景点档口创业。

6. 日式土豆烧

类似于章鱼小丸子的工艺，核心工艺是调好复合型口味的土豆浆，然后放入鹌鹑蛋、鲜虾、肉馅，快速翻动成一个球形，撒上墨鱼花，装入船型盒内，就是一道品相出众、无比美味的土豆烧。

7. 鲜炸薯条店

薯条是麦当劳、肯德基的当家小吃，必不可少。其实薯条有非常多的种类，更有很多酱汁、烧肉等组合方式，在人流集聚的地方用薯条做一个单品品牌，是一个很时尚的拔草圣地。

8. 薯条冰淇淋店

干脆薯条结合冰淇淋，是相当出位的组合，但是的确非常美味。这其中的诀窍是：干脆薯条融合了冰淇淋的香气，同时又弥补了冰淇淋的口感不足，松脆满口，清爽怡人，是青年男女必尝的创新组合。

9. 英式炸鱼薯条店

深受英国女王喜爱的英伦国菜炸鱼薯条，其实是有很多的口味和种类的，带着浓郁异域风情的传统包装，透着英国人沉稳和严谨作风的店面风格，可以成为一条美食步行街的特色爆款。

10. 比利时海鲜薯店

比利时一直对法国人窃取了它们的国宝——薯条声誉耿耿于怀，比利时的宽薯条，也有人称之为牛排薯条，的确非常好吃。能够掌握正宗的炸制工序，配合上鱿鱼、青口贝等海鲜，是适合沿海城市的不俗美味。

11. 百味（酱汁）薯片专门店

酱料是薯片的味道之魂。英国就有一个专门做薯片的网红店，有各式不同的酱料供顾客选择。中国人的味觉谱系应该是世界之最，所以调制出来更丰富的酱料，用特别的彩色薯片蘸起来，能香倒一片年轻人。

12. 巧克力薯片手作店

日本的卡乐比有一种薯片，是用各种巧克力蘸起来，薯片比日常的略厚，有了各种白巧克力、黑巧克力的辅助，味道好极了！在创业创新的今天，有一间手作的巧克力薯片店，会吸引巧克力迷们趋之若鹜地前来品味。

13. 洋芋擦擦店

健康食品洋芋擦擦是西北地区的美食，蒸好的洋芋擦擦淋上卤汁美味无比，曾经有一个路边店每天卖掉上千份洋芋擦擦。建议餐盘器皿、装修风格具有民族风情结合现代设计，再配合上一些奶茶、牛肉干等民族食品。

14. 洋芋蒸饺店

饺子是北方人的最爱。在河北坝上草原，在山西吕梁都有用土豆淀粉做成的水晶蒸饺，加上各种不同馅料，百味蒸饺能满足人们四季的味蕾需要。南方粤式的虾饺也是类似这种材质。

15. 煎土豆饼店

用土豆泥或者土豆丝和上不同的馅料，可以放入牛肉丁、火腿丁，进行煎制，在日本叫可乐饼，口感非常棒。在一个美食广场做一个特色的档口，开一间极致的土豆饼店，会招来众多的青睐。

16. 土豆包子店

乌兰察布、呼和浩特等内蒙古地区，都有用土豆丁做成馅料的包子，多是以牛羊肉结合洋葱等，或蒸或烤，非常入味。在全国包子的口味几乎雷同的今天，推出大草原的土豆包子，无论早餐午餐还是晚餐，都是绝佳的选择。

二、食品类

土豆食品类适合做快消类电商，根据自己的文创风格，在电商平台开设零售店，也是一个非常好的选择，足不出户，就能做天下生意。以下列举了十二种比较流行的土豆食品，可以作为电商的招牌爆款，达到一定数量，也可以单独发展为独立的品牌。有一个类似“三只松鼠”的薯条品牌叫“裸奔”主打原味薯条，销售效果非常好，也发展出自己的品牌。

（1）干脆薯条

（2）文创薯片

（3）儿童土豆泥

（4）爱达荷土豆泥

（5）减肥控脂棒

（6）运动营养棒

（7）土豆饮料

（8）彩薯酵素

（9）土豆鲜汁

（10）日式土豆醋

（11）丹麦、挪威土豆酒

（12）俄罗斯土豆糖

三、综合类

农民朋友创业的时候，应本着“农区变景区，农品变礼品”的文创原则，把家里的土豆田增添更多的服务内容；政府部门主导对土豆做文章，也要突出创意，尊重市场，打造具有更多服务内容的特色产业来。

1. 田园综合体

面积在 2000 亩左右，可以主打特色马铃薯品种以及乡村旅游、乡村手工业特色产品、土豆主题民宿等等，形成一二三产业联动的综合体服务中心，形成农业生产、生态、生活完美的结合型体验空间。

2. 土豆小镇

形成产业集聚为核心的马铃薯循环产业集群，面积应该在十平方公里以上，加工薯的品种能够与产业直接衔接，把马铃薯的深加工形成上下游产业链，例如薯条的废料可以做薯泥或薯粉，薯皮可以做深加工染料，薯浆提取蛋白，酿制土豆酒、土豆醋、土豆发酵饮品等，结合物流，打造拳头产品，销往全国乃至世界各地。

3. 土豆联合国

利用世界各国丰厚的土豆文化积淀，旨在打造一个集合了世界各国土豆文化、土豆美食、土豆创意的 IP 乐园，徜徉其间，恍如游历世界，是亲子娱乐、合家欢聚的新空间。

四、文创类

1. 土豆盆栽

土豆是最早用于园艺产品的作物，在都市里做出土豆盆栽，让家家户户的植物变成土豆，既有观赏性，又有土豆藏，还可以寓教于乐给孩子们科普土豆的常识，收获多多。

2. 土豆公仔、布偶

土豆的形象，给人一种憨态可掬的安全感，网络上常见一些心灵手巧的土豆公仔、土豆布偶，有着精心的手工缝制，可爱至极。只要设计得可爱，完全可以做成一个创业创新项目，运用网络营销推广。

3. 礼品薯袋

把土豆作为礼物会逐渐成为一种时尚。2019 年元旦期间，白俄罗斯总理卢卡申科就送给了俄罗斯总统普京四袋不同烹饪方式的土豆。少数民族地区可以把包装袋绣上中国传统的吉祥纹样，装满优质的土豆，打包成礼品，相信能够实现更好的销售。

五、日化类

马铃薯能够做出很多日化产品，是一种专业性比较强的创业领域，适合有这方面专业背景的朋友发展。以下列举三种，其实马铃薯在化工领域有非常广泛的用途，仅马铃薯变性淀粉就有近千种！

（1）土豆面膜——消炎清洁低成本，效果不错。

（2）土豆家事皂——不含化学成分，去污效果奇佳。

（3）土豆皮提取物染发——神奇的天然染发剂，值得一试。

六、影视类

土豆作为生活中喜闻乐见的超级符号，可以说有着无限可延展的影视题材和空间。以下仅列举几种，抛砖引玉。有思路可以写成故事梗概乃至剧本，甚至可以做出简单的动漫情节，很多好莱坞的魔幻大片都是非常忠实地尊重了漫画的形象拍成的。

（1）土豆总动员——全球的土豆动员起来也是了不起的力量啊，可以颠覆地球啦！

（2）土豆环球历险记——拟人化的土豆在每个国家的历险，是一个不错的电影动漫题材。

（3）土豆星球——地球就像是一颗大土豆。人类飞往外太空解决食物问题，也是选了土豆做为首选，所以人类所在的这颗星球就是一个土豆星球。

（4）土豆战争——为了争夺粮食，人类爆发了无数次战争。或许有一天，人类会上演因为土豆的短缺而引发的流血冲突，可以用影视作品去警醒大家珍惜食物，爱惜环境。

（5）土豆西游记——运用人们熟悉的土豆 IP，把土豆拟人形象化，变成西游记的师徒四人，也是很有前景的影视动漫土豆题材，可以发展很多衍生品。

七、游戏类

土豆类的游戏可以发展得非常多，当传统的偷菜模式已经厌倦了之后，把土豆场景借鉴过来，相信会有很多文章可做。据说二战中美国海军“奥班农”号，看到日本的潜艇突然冲过来，情急之下把船上的土豆扔向敌舰，令对方以为是手雷，最后吓跑的敌军，居然撞上暗礁沉入海底，这是很有意思的土豆游戏趣事，以下列举几项，权供启发。

（1）挖土豆

（2）土豆花拼图

（3）世界土豆大战

（4）土豆简史

（5）土豆寻宝

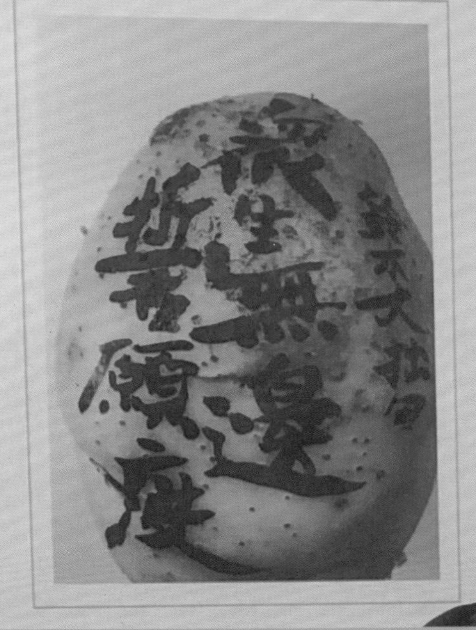

第五章 马薯薯的土豆经

作者在土豆丰收时节寻访土豆产区

一、创业的初心——采访实录

在信息时代的洪流下，时光匆匆流过，每个人都值得花全部精力聚焦，去解决现实的一个小问题。

艺薯家的诞生，从一次媒体记者的访谈开始。

导言：“本立而道生”，马达飞从商业文化精英跨界转向创意农业，用土豆符号推动行业发展、格局。将东方文化和西方工业制度融合，在命运的节点里秉承使命感，体验感悟不一样的人生。

马达飞在自己创办的“艺薯家”餐厅接待了我们。餐厅在北京三里屯 soho 下沉广场，不难找。店面不大，泛着澄亮且温暖的光。地处繁华嘈杂的三里屯商业区，但又透着股清新自然的生活趣味。一如马达飞本人所给予人们的印象：温和儒雅的艺术家气质，亦不失商业的聪颖智慧。

从事土豆项目，马达飞认为是一种顺势顺心的行为。2015

与美国友人交流土豆的吃法

年1月，农业部正式启动“土豆主粮化”国家战略，将土豆列为“四大主粮”之一。自古以来，民以食为天。在我国，依然存在着大量进口粮食现象。

面对如何做到“把饭碗端到自己的手里边”这个难题，高产量、高节水、适应地域能力强的土豆就成了非常重要的选择。而对马达飞来说，进入土豆领域，更是一种回归。

作者与成功登顶珠峰的“无腿先生”夏伯渝老师

“2012年的时候我开始尝试土豆项目。但那时我的重心没有完全放在这个项目上，加上一些其他因素，做过一段时间就搁置了。大概还是机缘未到吧。但这一次，我是开足马力了。我觉得土豆这个事儿吧……非我莫属。”言及此，马达飞的眼中有自信的光彩。

2015年从上海回归到北京，马达飞便开始筹划艺薯家的项目，而且进展神速。不到一年的时间，已经在北京开设了四家店，未来更会在上海、呼和浩特、深圳等地开设店铺。商业的背后是一种大情怀。“做土豆有一种莫名的使命感。中国有592个国家级贫困县，其中549个县主产土豆。当你把土豆产业化、消费化后就无形中精准扶贫了。这个使命是非常强烈的。”

“无论何时，人总要回归到土地。”马达飞说。

“解决问题是根本，跨界只是形式”

上海著名书法家陆康先生即兴土豆书法

在网上搜索关于马达飞的履历，你所能看到的头衔非常多元：品牌总监、公司合伙人、博物馆馆长、专栏作家、新农学派创始人，当代兰文化及当代水墨文化倡导者，等等，所以在百度上，他的名字后面跟着一个新词：跨界文化学者。

“2002年我从北大方正企业出来，想继续深造下。那时身边的朋友都选择MBA，但我考虑到之前自己所学的是美术教育方面，希望回到这里。那时我考取了北大的哲学系美学专业文化产业管理方向。在我看来，哲学可用以解决终极问题，美学研究审美活动。两者的结合可以碰撞出灿烂的火花。美学对我的影响很大。李泽厚说，美是意识形态性和阶级性的统一，通过实践美学，我可以在文化和产业中间找到一个交集。”

马达飞曾做过一项有趣的体验，在土豆上抄写佛经、圣经和唐诗，在网络上引起了很多人的讨论。在此之前，未曾见过有人这么做商业，在此之后，大概也没有人有能力驾驭如此多的领域进行尝试。问及那次体验，马达飞的感受是这般：“别人没有这么做过，我这样做，能够唤起大众对土豆的关注。这本身是一种艺术行为，从传播讲是新鲜事物，从个人来讲，是一种人文和自然的结合。”

朱光潜在《谈美》里曾有过这样的描述，一棵松树，在工匠眼中为家具的材料；在画家眼中看到的是它的姿态美感；生物学家则会研究它的种类。马达飞的跨界，出发点是为解决问题。在他看来人最重要的是解决问题，而不是拘泥于固定的形式。

“人在不同维度是可以换位思考的。知识到了一定程度，有可能变成禁锢，做事亦如此。不是每件事都要刻意追求成功。比起结果，我更看重过程本身，从无到有，从0到1。这种探索精神是当下中国所需要的。”

而和个人的跨界比起来，文化的融合和创新是一种更高级的跨界。胡适曾列举中国历史上三次文化复兴，都和外部文化的融合有密切的关系。马达飞本人，也在致力于中国传统文化的现代化研究，对此他颇有心得。

“东西方的文化和哲学有很多差异，但并不是完全对立的。东方讲究天地与我为一，是自然的代言人。自然就是你的一部分。你看到的是和自然融合的结果。到庄子境界，哪怕天上打雷地上死人，都很超脱。代表天地自然，生命只是过往，用永恒超越生命的有限，东方境界很大。西方的语言逻辑、语法的组合更加严谨，也就更偏执些。”

上海马铃薯主食文化展，作者现场书写：世界主食中国味道

“文化应该做到融合。自己也会穿着中式衣服，但在多种多样的语言中，我们要找到自己的民族语言，我个人的语言是绘画语言。我的画是世界性的，但我的墨、根源和精髓是中国的。农业和艺术一样，都和东方思想有关，追求天地宇宙大自然，是大的轮回。”

“食物不仅改变了文化，也改变了个人的差异性”

在18世纪的法国，曾有过以魁奈、杜尔哥为代表的重农学派，在他们看来，人要遵守“自然秩序”，农业外的行业皆为无用。马达飞和一群同行在此基础上，提倡出新农学派，提倡人要回到自然，回归本源。

“经济学家凯恩斯认为，人不是定义式的理性动物。如果按照一样的标准去定义的话，人和人是没有差异性的。人的动物精神，一方面来自先天父母的血脉基因，另一方面来自后天环境的影响。而后天的环境里很大部分来自于食物。我们对自然的摄取，产生了动物性的变化和趋向、侧重。消化系统不同也就产生了个体之间的差异性。”

在科幻片中，我们未来可以轻易破解上帝的密码，改变心脏、神经、血脉，通过一两片药丸满足肠胃。但食物的同一性完成，人也就完全一样了。食物系统改变了，人类也就和机器人没有两样了。“我们的聊天可能本质上就是两个硬盘之间的对话了。”马达飞开玩笑说。

回到本能驱动，回到新农学派，对自己有限的索取、有限的探索，回归生命的本源。“中国哲学偏重境界，王国维说‘无我之境’，特别重要。在这种无我之境中，对社会的索取和干预就相对较小。任何好和不好都是相对的，毕竟世界不以我们意愿为转移，一切都是探索的一部分。无为，自然，和谐，是新农学想遵从的。毕竟农业也有很多探索的方式。我们既要做成文化，也要做成产业。”

“用产业推动文化，用文化带动产业”

目前，我国正在大力发展第三产业，在原有服务产业上进行消费升级，在现有的服务产业上打造新的体系。农业也在转型，厨房的工业化、厨房的服务都需要不断创意升级，而马达飞将创意性产业定义为服务型农业。

“现在我们吃的土豆都是从地里直接拿到超市卖。拿到家里，要洗三遍以上，还要削皮、切丝、烹饪等流程，吃到嘴前，早就饿得不行了。做法单一、过程漫长。我们希望通过餐厅、加工、电商等方式，打造完整的土豆产业链，让人顺利地消费到优质的土豆和饮食服务。”

“历史上有太多了不起的发明。从人类的直立行走、用手

土豆：生活的日常

劳动开始，我们创造了太多改变人类生活的发明。相比这些伟大的创新，土豆艺薯家只是个微创新，微不足道。我希望改变

的是我们的食物观念，形成一种食物文化。只有通过文化的传播，才能改变人们的食物习惯。用产业推动文化，用文化带动产业。”

如今，全世界都在大力发展现代农业。无论是服务、质量、产能都有了突飞猛进的提高。中国要想做到习近平总书记说的“把饭碗端在自己手里，而且要装自己的粮食”，就要由有情怀、有能力的人去推动农业的发展。正如马达飞所说，“如果我们再不发展，就没有属于自己的种子了。”

在采访的最后，我问到了一个非常困惑的问题——在商业上如此出色，为何转到农业这个费力的行业来？马达飞如是说：“有意义的人生是活在命题里的，生活要给他一个命题、方向。当你有了命题，做任何事，就像苦行僧一样，为了精神极致的追求，放弃、虐待肉身。如三藏取经，千辛万难，不觉辛苦。过程中带有信仰、力量和目标。

总结出土豆六艺，我觉得是生命认知上的一个分水岭。土豆六艺即农艺、工艺、食艺、文艺、游艺、演艺。通过多种极致表达，发掘土豆的审美符号，来实现创新的体验经济，是创造力的一种自我实现。以前我是茫无目的地画画、上学、教书、下海，随大流的感觉。现在更在意回归自我。我们要找到一个时代里每个人个性化的方式。关注自己，‘本立而道生’。

农业是特别有意义的事，从事它属于机遇使然，也是一种自觉担当。就是这么个机会。我原本不懂土豆，朋友圈当初也没有做这个行业的人，为何种起土豆呢？历史的车轮，机缘巧合，便觉得这事特别适合自己。和之前的美学、商业、文化经历结合，做起来便特顺畅。如果要用一句话总结，我们还是希望用文化的方式去推动产业的升级和发展，实现‘产业文化化’的目标。”

二、土豆诗赋

土豆花赋

戊戌双土，时春二分。耕者农事，桃言李语。千家忙种躬望田，万户灯火憧深耘。寄望于明日收成，尚不知所获丰歉！感而兴怀，遂作此赋。

薯本南美，沃于华邦。康乾盛世，居功至强。

清绵延二百余载，繁衍逾三万万人。土豆不避贫瘠土壤，性尤爱山区冷凉。山坡愈发高产，南北人可代粮，携民生之重不外露，裹国民之腹藏于土。闽人称洋番薯，云贵陕呼洋芋。岚县谓

土豆花开赛牡丹

山药蛋，山蔓菁唤于三晋。因地其型色各异，虽名不同而齐飨。及至大地还阳，万物生长。山野四望，绵延薯香。阡陌星布，百里芬芳。或白或紫，缀延八乡。花朵袅娜娉婷，叶脉齐整大方。清晨和露兮绽放，黄昏婉约兮清唱。如芝兰丛生于九畹，若凌波微步于云间。花轻盈若赛飞燕，其硕果堪比玉环。叹陶渊明其所未见，嗟摩诘诗与之擦肩，盖历代文心所不涉，幸汪曾祺曾绘于坝前。遇今斯世，躬逢其盛。创之以国，兴之以文。科技可日新月异，经济或泽被为民。

然万法一宗，空生妙有。本立道生，复归无极。存乎此心，承愿直行。

譬如土豆之气象，生于泥土而不改其味，存于阡陌而淡泊守成。敦兮其若朴，旷兮其若谷。集美蔬佳果主粮之优渥，融植材食材文材为一体。近可养身心安泰济民生，容德归厚；远可达一带一路至诸邦，和谐亲睦。是谓曰：上善若薯，薯沃中华，实至名归也！

薯玉赋

兰者，花中之玉。薯者，粮中之玉也。

汉许慎曰，石之美者为玉，其备五德："润泽以温，仁之方也；理自外，可以知中，义之方也；其声舒扬，专以远闻，智之方也；

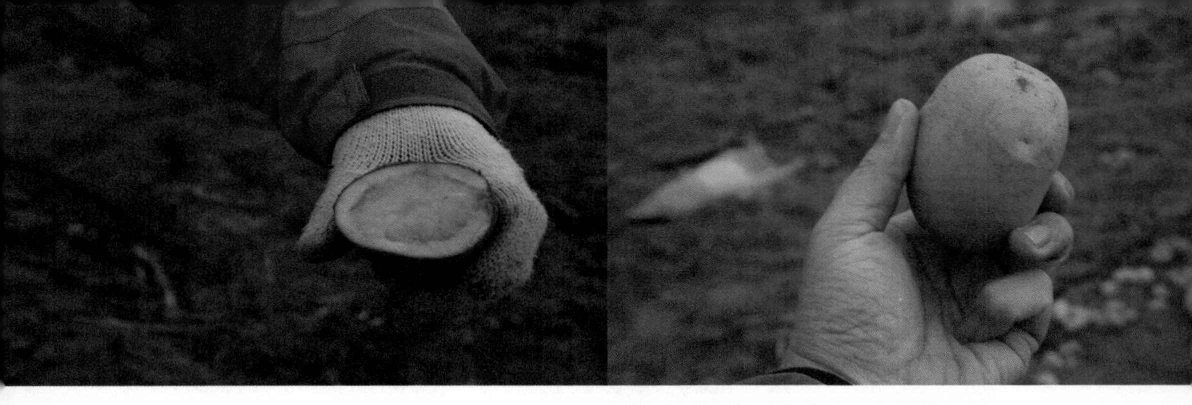

中国农业科学研究院的马铃薯新品种

不挠而折，勇之方也；锐廉而不忮，洁之方也。”孔子亦言：“君子比德于玉”。薯者，乃粮中君子也：性温润以和众，兼蔬粮以仁当，舍诸身以义报，耐贫瘠以勇胜，能高产以信立。

盖以佛家观薯：亩产万千，悉数可用：是为布施；沃土贫地，生长如一：是为持戒；甘于地下，默默无闻：是为忍辱；雌雄可生，块茎可成：是为精进；清静六根，不生不灭：是为禅定；吞吐洪荒，睃忘宇宙：是为般若；此等六度，红尘所不及也。

道家一言蔽之曰：上善若薯：居善地，心善渊，与善仁，言善信，正善治，事善能，动善时。致虚极，守静笃。万物并作，和光同尘。见素抱朴，少私寡欲。不自见，故明；不自是，故彰；不自伐，故有功；不自矜，故长；夫唯不争，故天下莫能与之争。故曰：人法地，地法天，天法道，道法自然。

世人皆爱玉，余独爱薯。故曰：君子藏器待时，蓄珍而发。玉者贵而绝伦，褐者贱而无文。观大地灵薯，被褐怀玉，虽根性拙朴，可利化众生，薯可比德于玉也。

三、土豆里生长出来的美学经济

土豆文创是创意农业的一次践行，也是对中国农业美学一次深度探险。我们希望通过土豆这一平凡而质朴的农作物，破解它在广大消费者心中的文化密码，令其最终成为大众重要而广泛的食物，伴随中国乡村振兴发展不断前行。

1979 年诺贝尔经济学奖获得者西奥多·舒尔茨先生在他的获奖致词中说道："世界上大多数人仍在继续出卖劳力赚取微薄的收入。他们一半或一半以上的收入都花在食物上，他们的生活十分艰辛，他们想尽一切办法提高产量。但是，大自然安

土豆与土豆 IP 的对话

排了数千种物种，随时有可能吞噬他们的劳动成果。太阳、地球、季风、降雨都不会特意眷顾他们。高收入国家的人们似乎已经忘却了阿尔弗雷德·马歇尔的箴言，他说：知识是生产中最强大的引擎，知识使我们有能力与大自然抗争，使大自然满足我们的需要。”

中国是一个拥有近万年农业史的国家，同时中华民族是有着极其丰富的农业生产传统和灿烂农耕文明的民族。然而，伴随着工业文明的冲击和全球一体化的脚步，使得这个历史上早熟的传统农业国家迈着稚拙的步伐，去追逐现代农业的踪影。当小农经济遭遇集约化农业，当手工耕作遭遇现代化农业设施，当单一农产品遭遇丰富多彩的进口农产品，昔日农业大国显得如此这般的手足无措，中国农业如何由大变强，现代农业将何去何从？

舒尔茨先生在他的著作《改造传统农业》中又指出：“精通农业是一门可贵而难得的艺术。”把农业提升到了形而上的层面，同时他又指出：农业不仅仅是农学的范畴，更应该放到经济学的层面进行系统而宏观的角度去衡量。2008 年，全国政协副主席、著名经济学家厉无畏在两会上第一次正式提出“创意农业”这个概念，但当时更多的还是停留在理论层面。党的十八大召开，明确提出大力发展农村和新型城镇化建设。基于此，一群有志于中国未来农业发展的学者、专家和企业家共同发起并成立了新农学派。新农学派尝试转变传统农业单一的生产模式，创构以服务为导向的新兴农业形态——服务型农业。根据马克思主义“生产力决定生产关系”的基本原理，新农学派将探索以美学经济理论、现代经济理论、战略资本理论、消费教育理论为理论基础，以创意经济为理论核心——即以农业、工业、服务业乃至智慧产业为跨界整合实践体系，其理论基础是瞄准世界农业高新技术发展前沿，同时依托中国经典文化，着力构建创意农业新的理论创新体系，为形成城乡经济社会发展一体化新格局提供有力支撑，促进社会主义新农村建设。其理论核心是把附加值文化的出发点和着眼点利用起来，充分调动广大农民的积极性、主动性、创造性，大力培育农产品附加值文化，改善农村生活方式，改善农村生态环境，统筹城乡产业发展，不断发展农村社会生产力，达到农业增产、农民增收、农村繁荣，推动农村经济社会全面发展的目标。因此，我们认为，创意农业是以“通过产业融合与创新，实现人人

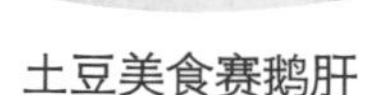

土豆美食赛鹅肝

向往的新田园生活方式”为宗旨，最终为建设国家“以创新机制来实现中华民族伟大复兴”的宏远目标而努力的不朽事业。

所谓美学经济，是以美感体验和文化创新为核心内容，向消费者提供具有深度体验与高品质美感的审美过程，使消费者愉悦为目的以获取收益的新型产业。创意农业美学经济的本质在于：在创意农业美学经济环境里，农产品、农业生产景区某种意义构成了审美的环境，新型农民将由美产生的深度体验和心情的愉悦作为产品，以特定载体承载并进行销售。创新是创意农业的源头活水。创新是思想，是灵魂，对创意产业起着带动作用。没有了创新，创意产业就成了无源之水，无本之木。创意农业将创意过程标准化、规范化、制度化，是将创意产业更加具体，更加专业，更加富于匠心，并以现代服务业的标准引领生产型农业又好又快地发展。

挖掘中国农业文化可以说是目前最大的文化创意产业，因为中国具有极为丰厚的农耕文明遗产，可以发展成为极具生活体验性和文化性的各类文化产品，我们同时参照世界先进经验，目前中国针对创意农业的研究与实践方向基本可以分为三种形式。

1. 都市型创意农业

随着中国社会的发展，城市生活将在两极之间展开，一极是城市生活，享受工业文明带来的快捷与方便，另一极则是在乡村田园中呼吸自然，释放真我。田园生活必将成为周末经济与度假经济的“新常态”，以都市型创意农业为依托的田园文旅产业蕴含着巨大发展机遇，“逆城市化消费”成为日渐上升的新趋势。近年田园文旅发展体现出几个特点，首先是，从单一观光型农业向休闲、教育、体验型农业发展。过去休闲农业多是以农业观光和农家乐为主，功能单一，层次较低。因此田园文旅在发展农业休闲旅游和农家乐的同时，还开发乡村的民俗文化、农耕文化、生态文化资源，增加了文化休闲、娱乐、演艺、养生、健身和回归自然的内容，从而使田园文旅向高品位、高层次、多功能方向发展。其次是，田园文旅从自发发展逐步走向规范化发展。过去，田园文旅很多是自发发展的，没有经过规划论证，经营管理不规范。近年来，各地农业部门和旅游部门都重视规范化管理，制定了农业旅游和民俗旅游的评定标准，有的对农家乐和休闲农庄还制定了星级标准。依据标准定期进行评估，使休闲农业逐步走向规范化和专业化。再次是，田园文旅的发展考虑到了新城镇化建设的总体规划，密切结合农村产业结构调整、新村建设与整治、生态环境改善等各项工作开展，使田园文旅发展与新型城镇化建设结合起来。

下面我们来介绍一下都市型创意农业的主要开发模式：

（1）连片开发模式。就是以政府投入为主建设基础设施，带动农民集中连片开发现代休闲度假农业。政府投入主要用于基础设施，通过水、电、气、路、卫生等基础设施的配套和完善，引导农民根据市场需求结合当地优势开发各种农业休闲项目，供城市居民到农业园区参观、休闲与娱乐。该模式依托自然优美的乡野风景、舒适怡人的清新气候、独特的地热温泉、环保生态的绿色空间，结合周围的田园景观和民俗文化，兴建一些休闲、娱乐设施，为游客提供休憩、度假、娱乐、餐饮、健身等综合服务。主要类型包括休闲度假村、休闲度假农庄和农场、乡村酒店等。如北京市蟹岛基本上在采用此开发模式。

（2）村镇旅游模式。许多地区在建设新农村的新形势下，将休闲农业开发与小城镇建设结合在一起。以古村镇宅院建筑和新农村格局为旅游吸引物，开发休闲旅游。主要类型有整建民居和整建宅院型、民族村寨型、整建镇建筑型、新村风貌型。已成为城市居民观光、娱乐、度假的休闲农业基地。安徽世界文化遗产宏村、北京门头沟爨柏景区等，就是利用农村古村落资源，修旧如旧，保留原始村落的风貌和农民的淳朴生活习惯，成为海内外乡村旅游的圣地。

（3）休闲农场和农庄开发模式。近年来，随着我国城市化进程的加快和居民生活水平的提高，城市居民已不满足于简单的逛公园休闲方式，而是寻求一些回归自然、返璞归真的生活方式。利用节假日到郊区去体验现代农业的风貌、参与农业劳作和进行垂钓、休闲娱乐等现实需求，对农业休闲度假的社会需求日益上升，使我国众多农业科技园区由单一的生产示范功能，逐渐转变为兼有休闲和度假等多项功能的农业园区。主要类型有田园农业型、园林观光型、农业科技型、务农体验型。如北京“蕃茄联合国”、上海“多利农庄”等。

（4）民俗风情旅游模式。民俗风情旅游模式即以农村风土人情、民俗文化为旅游吸引物，充分突出农耕文化、乡土文化和民俗文化特色，开发农耕展示、民间技艺、时令民俗、节庆活动、民间歌舞等休闲旅游活动，增加乡村旅游的文化内涵。主要类型有农耕文化型、民俗文化型、乡土文化型、民族文化型，代表作品有云南民族村等。

（5）产业带动模式。休闲农园首先生产特色农业产品，形成自己的品牌。然后通过休闲农业这个平台，吸引城市消费者来休闲娱乐与采购，从而拉动产业的发展。在这类园区，游客除休闲旅游，还带回农业深加工产品。如国家级龙头企业湖南果秀食品有限公司，产品远销欧洲、美国、日本，其生产基地类似观光工厂，以“景观化工厂、艺术化生产”为宗旨，实现一二三产业融合，把都市休闲农业和农业产品加工有机地结合在一起，成为都市型农业新的典范。

2. 园区型创意农业

当前我国已进入工业化、信息化、城镇化、市场化、国际化进程加速推进的关键时期，人增地减和农产品需求刚性增长的趋势不可逆转。要保障和增强主要农产品基本供给能力，必须突破农业生产人均资源紧缺、生产规模狭小、组织化程度不高的传统农业经营制度的瓶颈约束，发展现代农业，通过适度规模的产业化经营提高农业资源利用率、土地产出率和劳动生产率。通过发展形成资源集约、成本节约、与农民共享收益的农业产业化集群，是我国现实情况下，提升农业综合生产和供给能力、保持农业生产经营主体持续稳定增收、提升区（县）域经济活力的必然选择。

我们可以预测，农业由分散向集约转变，农业由第一产业种养殖向第二产业工业化生产延伸，引导传统农产品原材料生产和产地销售模式转向农产品加工和终端市场供应链渗透，是摆脱农业发展依赖财政补贴，保障农产品流通顺畅和价格稳定，农民从市场中真正获利的唯一出路。在农业一二三产业融合的过程中，农业产业集群化、园区化将成为今后很长一段时期的农业新兴经济发展热点。利用区位优势和资源优势抢占这个经济发展制高点十分关键。

基于以上理念，“永州世界农业工园”应运而生。湖南省永州市 148 万亩的国家级农业产业化示范园区，继承潇湘古文化打造永州农业八景，形成“一景一产业，一链一风貌”的绿色生态大农业格局。通过“永州农业看世界，世界农业进永州”的战略方向，以世界高端科技农业品牌的入驻引领农业产业化发展，形成一二三产业融合联动，最终实现具有千亿规模的国家级农业产业化示范园区。

3. 品牌型创意农业

目前，创意农业规划的经典品牌案例当属艺薯家品牌系统实施案例。

2019 年初，国务院总理李克强在乌兰察布指出：大力发展土豆主粮化战略。上届政府总理温家宝也曾经说过：把小土豆发展成大产业。实质上两届政府均把土豆放到了一个国家食品安全的高度，因为中国的土豆种植面积和产量均居世界第一，而在服务型产业链方面缺乏创新。因此以土豆食品作为主打的轻餐饮品牌“艺薯家”产业链，从发展之初就确立了四个方面的发展方针：品种专业化、品牌现代化、品质标准化、供应链条化。

第一，品种专业化：从土豆种植基地的选择、田间的管理维护到土豆品种的选择以及到对消费者的产品教育，都必须做到科学、专业。因此艺薯家选择了“土豆之乡”内蒙古乌兰察布及北纬 41 度的黄金种植区，建设艺薯家土豆种植基地，从生产种植绿色安全环境的源头来保障食品安全。

第二，品牌现代化：中国农业产业化发展进程，已经到了产业链末端的重点建设期了，也就是说“产业市场化”的建设时期。本着“世界主粮，中国味道”的“艺薯家”品牌源于中国传统文化，而在形象体现品牌定位以及品牌的诉求方向与方式上，都在积极与现代化的客户需求进行着紧密的结合，让土豆在消费体验上更时尚、年轻 ，我们倡导土豆饮食文化，让艺薯家成为了走出大草原的创意农业品牌，通过未来百厨万店计划，将开创中国创意农业的一道亮丽新风景。

第三，品质标准化：农业品牌的建设与发展，最大的基础就是农业产品的品质。而人们常提到的“食品安全”，归根结底，最主要源自“农业产品安全”。把小土豆做成大产业是一件大事，解决好土豆的种植、验收、销售和深加工等价值链条中的各个环节的标准化问题，是土豆食品生产义不容辞的责任。

第四，供应链条化：本着社会分工细化的原则，土豆产业从种薯育种开始，都有着明确的合作边界。因此，把农业、工业、服务业通过文化创意产业链接起来，形成一条从田间到餐厨的无缝对接，是一个系统工程，也符合与信息文明同步的逻辑。通过价值互联网把每个环节串联起来，不仅有助于追溯产品质量，更有利于品质的最大化发挥。

我们认为，农业也时尚、优雅、文明。创意与农业的结合，可以增加农产品的附加值，带来农民和农业的增收。农业需要创意，创意让农业拥有了时尚气息，更改变了农业生产结构。创意农业的开发实际是传统农业的延伸拓展，这一延伸并不仅仅局限于农业单一产业层面上，而是需要整合多层次产业链，将一二三产业有机融合，因而成为推动农业结构优化升级的有效方式。更为重要的是，创意农业能产生巨大的经济效益，成为农民增收的新途径。随着人们生活水平的不断提高，人们的消费需求也呈多样化，传统的农业产品已经不能满足人们的需求，创意农业用文化元素提升创意农业产业附加值，通过创意满足了人们精神和文化需求，从而提高了消费需求，开拓了新的消费空间。因此也就实现了农产品和产业的增值，让有限的农业资源变成了促进农民增收的无限源泉，让广大农民因创意而扩大了增产增收空间。

随着信息革命的迅猛到来，农业与互联网紧密结合，传统的农业边界在不断延伸，亟待呼唤消费者与生产者紧密关联的新农学知识体系，运用创新思维来让大自然满足人类的需要。未来，创意农业将在国家乡村振兴战略的指引下，在新农学理论指导下，继续探索创意创新的实践，吸引更多的专业服务机构参与整个创意农业的生态环境之中，让农业更强、农村更美、农民更富。换一种创新思路，多一些创新方法，摸索一些创新模式，用现代知识体系和国际视野缔造创意农业的美学经济，一起打造新时代农业的美丽田园！

上海土豆超级 IP 的演讲

附录 马薯薯吃过的那些土豆

拔丝土豆

BASI TUDOU

素食者： 穆斯林：

材料

土豆 500 克，油 500 克，白糖 100 克

做法

1. 将土豆去皮切成滚刀块。

2. 炒勺放熟油，烧五成熟，下土豆块，慢火炸，见马铃薯块浮上油面，呈淡黄色时捞出。

3. 把炒勺余油倒出，加半勺水，放糖，熬成糖浆，把炸好的土豆块放入，颠翻均匀出勺，加芝麻点缀，最后配以凉水食用。

拌土豆松

BAN TUDOU SONG

素食者： 穆斯林：

主料

土豆 400 克，色拉油 1000 克，香菜段适量。

做法

1. 土豆削皮切丝，锅内倒入色拉油，烧至五成熟下入土豆丝，炸成金黄色。

2. 加入香菜段，均匀调好口味即可。

草莓薯泥酥

CAOMEI SHUNI SU

素食者： 穆斯林：

材料

土豆 1000 克，草莓酱 300 克，植物油 500 克，面包粉 50 克。

做法

1. 将土豆连皮洗净，放入锅中蒸 30 分钟，去皮捣成泥状和面包粉拌匀，制成小团，每团内包入草莓酱少许备用。

2、锅中倒入植物油烧热，放入包好的薯泥团炸黄后捞起。

炒土豆块垒

CHAO TUDOU KUAILEI

素食者： 穆斯林：

材料

土豆 500 克，莜面 300 克，胡麻油 30 克，葱 10 克，蒜 5 克，精盐 5 克。

做法

1. 蒸块垒

将土豆放入锅内以 1:1 的比例加水，用小火焖约半小时，出锅后，待不烫手时将皮剥去，再用筷子擦子擦碎，再加莜面、食盐，用手搓成碎块状，然后撒在铺有纱布的笼屉内，厚约 5~6 厘米，盖上锅盖蒸约 10 分钟，闻到香味出锅。

2. 炒块垒

它有两种不同做法，一种是炒蒸块垒，一种是炒普通块垒。

第一种炒蒸块垒：块垒按上述方法蒸熟后，在锅内倒入胡麻油，油熟后将切好的葱花、蒜片放入锅内炝出香味，然后倒入块垒用小火翻炒 3–4 分钟出锅即可。

第二种炒普通块垒：搓擦好的块垒不必上锅蒸，直接用干锅翻炒约 10 分钟左右，待闻到莜面香味后出锅，然后倒入少量油，油熟后加入葱、蒜，再倒入炒过的块垒，直到块垒颜色变焦黄即可。

炒土豆莴笋丁

CHAO TUDOU WOSUNDING

素食者：  穆斯林：

材料

土豆 500 克，莴笋 250 克，水、淀粉、姜、蒜、酱油适量。

做法

1. 将土豆、莴笋去皮洗净，切成小丁备用。

2. 油锅烧热后，将土豆丁下锅煸熟后取出。

3. 锅内放少量油，烧热后先放姜、蒜炝锅。待炒出香味后，同时将土豆丁、莴笋丁入锅翻炒，再放盐或酱油，勾成粉芡，即成。

4. 同样炒法，亦可用土豆炒胡萝卜丁或黄瓜丁。喜吃辣者，在炝锅时，还可以放入豆瓣酱，更能增添色彩和食欲。

特点：本品色彩艳美，咸香脆嫩，清淡爽口，增人食欲。

葱花薯片

CONGHUA SHUPIAN

素食者：  穆斯林： 

材料

土豆 300 克，红椒 2 个，葱 3 根，食用油 70 克，盐 3 克，草果粉适量。

做法

1. 将土豆去皮切成片，青葱切翠花，红椒去蒂去籽切块。

2. 锅中放油烧热，将土豆片放入炸熟，铲去多余油，再放入红椒、葱花、草果粉、盐拌炒均匀起锅即可。

炒三丝

CHAO SAN SI

素食者： 穆斯林：

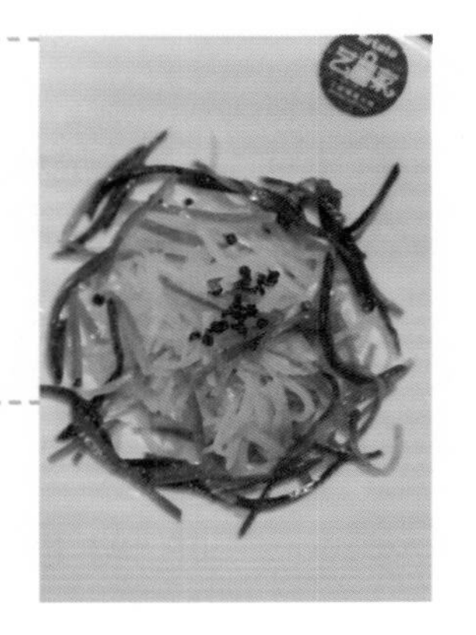

材料

100 克大小的土豆 1 个，青辣椒 50 克，紫土豆 50 克，植物油 10 毫升，大蒜 2 瓣，生姜 1 小块 (2 克)，花椒 0.5 克，食盐 1 克，糟辣椒水 1 汤匙，生抽酱油 1 汤匙。

做法

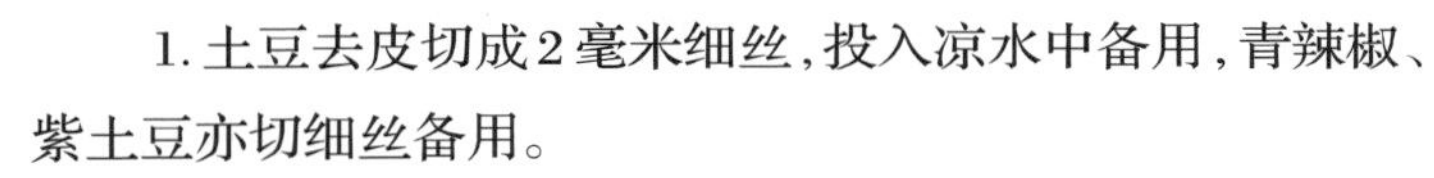

1. 土豆去皮切成 2 毫米细丝，投入凉水中备用，青辣椒、紫土豆亦切细丝备用。

2. 大蒜、生姜切丝。炒锅置于旺火上放入植物油，先将花椒煸炒出香味，然后将土豆丝沥水倒入锅中煸炒，土豆丝煸炒过程中要不断淋入凉水以免粘锅断裂。

3. 待土豆丝炒至透明状时，加入青辣丝、紫土豆丝，同时加入大蒜、生姜一同煸炒 2 分钟，再加入食盐、糟辣椒水、酱油迅速收汁起锅。

特点：色泽亮丽，清脆爽口，微酸微辣，为当地老百姓常用的下饭菜。

脆炸土豆饼

CUI ZHA TUDOU BING

素食者： 穆斯林：

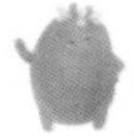

材料

土豆 500 克，黄瓜 500 克，淀粉、糯米粉适量，油 250 克，盐适量。

做法

土豆切成丝，配黄瓜丝，加淀粉、糯米粉炸制而成。

脆炸土豆丸子

CUIZHA TUDOU WANZI

素食者： 穆斯林：

材料

土豆500克，淀粉、泡打粉适量，盐、味精、糖少许。

做法

土豆蒸烂捣成泥，加入少许盐、味精等，弹成丸子后，拌以淀粉炸制。

炖南瓜土豆

DUN NANGUA TUDOU

素食者： 穆斯林：

材料

土豆400克，紫薯400克，南瓜400克，玉米粒、豌豆、西蓝花、清油少许。

做法

土豆、南瓜切块清炒一会加盐少许，加水慢火炖25分钟，再加入玉米粒、豌豆、西蓝花炖5分钟即可食用。

风味土豆球

FENG WEI TU DOU QIU

素食者： 穆斯林：

材料

土豆500克，韭菜200克，馒头100克，粉丝50克，色拉油250克，碎米丁适量。

做法

1. 选取淀粉饱满的新鲜土豆，将土豆去皮蒸熟，捣成泥，并揉搓成20个等大的团；将馒头切成碎米丁，烘干。

2. 在土豆团上粘满馒头丁，然后放入七成熟的油锅中烹炸，颜色呈金黄色即可。

3. 将炸好的土豆球装入用粉丝垫底的盘中，即可成品。

地皮菜土豆丝

DIPICAI TUDOU SI

素食者： 穆斯林：

材料

地皮菜 100 克，土豆 300 克，植物油 30 克，红辣椒 3 个，蒜 5 克，花椒 1 克，盐 5 克，味精 2 克。

做法

1. 地皮菜洗净，沥干水；土豆去皮插丝泡在清水里备用；红辣椒切段。

2. 锅烧热放油；花椒入锅炸出微烟，取出花椒弃之，投入地皮菜、蒜片、红辣椒段煸炒。

3. 加水，适量精盐，放入土豆丝煮沸，投入味精即成。

地三鲜

DI SANXIAN

素食者： 穆斯林：

材料

土豆 300 克，茄子 300 克，青椒 100 克，葱，姜，蒜少许。

做法

1. 土豆切滚刀块，过油炸熟，茄子去皮切滚刀块，炸熟，青椒切片。

2. 锅内放底油，葱、姜、蒜炝锅，加适量清汤，放入食盐、味精、酱油、白糖少许。

3. 放入炸好的土豆、茄子、青椒，加入淀粉勾芡，点花椒油即成。

特色

色泽鲜艳，营养均衡，味美浓香，油而不腻。

法式鲜菇土豆沙拉子

FASHI XIANGU TUDOU SHALAZI

素食者： 穆斯林：

材料

土豆750克，鲜蘑菇500克，黄瓜150克，胡萝卜150克，葱头100克，青椒50克，红椒50克，青菜叶少许。植物油50克，芥末酱2.5克，盐15克，醋、辣椒粉、胡椒粉少许，鲜蘑原汤适量。

做法

1. 将土豆、胡萝卜蒸熟，去皮，切丁；葱头切丁；将三分之一的鲜蘑菇切成丁；黄瓜去皮，去子，切成丁；青椒、红椒去籽，切丁。

2. 将上述切好的各种主料放盆内，加入植物油、芥末酱、盐、醋、辣椒粉、胡椒粉、鲜菇原汤拌匀，放入盆中央使成丘状，周围摆上整个的鲜蘑菇及青菜叶点缀。

特点：本品酸辣利口，清香味美。

干煸土豆丝

GANBIAN TUDOU SI

素食者： 穆斯林：

材料

土豆250克，干辣椒2个，葱20克，盐3克，味精2克，食用油50克。

做法

1. 土豆切细丝，葱切段。

2. 用清水把土豆丝表面的淀粉漂洗干净后沥水分。

3. 锅中放油用中火烧至六成熟，下干辣椒段稍炸后，倒入土豆丝改大火煸炒。

4. 煸炒约两分钟，放葱段改中火继续煸炒约一分钟。

腐皮土豆卷

FUPI TUDOU JUAN

素食者： 穆斯林：

材料

土豆 375 克，豆腐皮 4 张。植物油 500 克，盐 5 克，胡椒粉、番茄酱适量。

做法

1. 土豆去皮洗净，蒸熟，熟后捣成泥，再加入植物油、盐、胡椒粉拌匀。

2. 豆腐皮每张截成四等份，每份包入土豆泥少许，卷成条，两端束紧像糖果状，封口用少许面糊粘好。

3. 油烧七成熟，放入土豆卷炸至金黄时捞出，装盘后附上番茄酱蘸食即可。

特点：本品外脆里嫩，造型新颖。

丰收葡萄

FENGSHOU PUTAO

素食者： 穆斯林：

材料

土豆 500 克。白糖 4 克。

做法

将土豆蒸熟制泥，加入白糖，用手挤成葡萄大的丸子，下入四成熟的油锅中炸至成熟，摆成葡萄形状即成。

特点：香甜味。

干焙洋芋丝

GAN BEI YANGYU SI

素食者： 穆斯林：

材料

土豆 500 克，淀粉 30 克。食用油 300 克，精盐 5 克，花椒粉 2 克。

做法

1. 将土豆去皮洗净，用推丝器推丝；与淀粉一起拌匀，在盘中压成饼状。

2. 锅中放油，烧至三成熟时将土豆饼倒入锅中，炸至金黄色时均匀撒上盐、花椒粉即可出锅，炸时应用锅铲不时压土豆丝饼使其粘结不松散。

黑塄塄

HEILENGLENG

素食者： 穆斯林：

材料

土豆500克，土豆淀粉50克，胡麻油50克，葱花10克，花椒粉3克，姜末5克，精盐3克，番茄酱10克。

做法

1. 取土豆去皮洗净沥干，磨成糊后用纱布将多余水分挤出，将淀粉加入土豆糊中，用手捏成球状，放入锅中蒸15分钟。

2. 将蒸好的黑塄塄盛入盘中，胡麻油放入锅中烧热，放葱花、花椒粉、姜末、食盐、番茄酱后，加少许水和淀粉调成浓汁，均匀倒在装有黑塄塄的盘中。

干锅土豆

GANGUO TUDOU

素食者： 穆斯林：

材料

土豆500克，红辣椒2个，糊辣椒5–8个，大葱5根。食用油100克，酱油15克，昭通酱30克，精盐6克，味精2克。

做法

1. 土豆洗净去皮切片（2毫米厚），大葱切段，红辣椒切片，糊辣椒切段。

2. 锅中放油，将大葱、红辣椒、糊辣椒、昭通酱放入爆香，再放入土豆片一起炒，炒至快熟时加入适量水、盐、酱油、味精一起焖，焖至水分快干即可。

注：食用时可以用固定酒精加热。

干洋芋片、炸干洋芋片

GAN YANGYU PIAN, ZHA GAN YANGYU PIAN

素食者：  穆斯林： 

做法

干洋芋片

1. 选 25 克大小的土豆去皮，切成 2 毫米左右的薄片。

2. 用沸水烫至断生后过凉水后沥干，然后在太阳下晒干，用封闭容器贮存。

炸干洋芋片

1. 在锅中放 500 毫升左右的植物油，中火烧至八成热时，放入干土豆片炸至色泽金黄即可。

2. 炸好的土豆片可根据喜好调制成各种口味。

特点：制作方便，口味调制灵活。可作为下酒菜，亦可做零食。

注意事项

干土豆片制作时切片一定要均匀，沸水处理时间要恰到好处，处理时间过长易使土豆片过软而不易晒干，处理时间不足则颜色发黑。此外，干土豆片贮藏时一定要密封防潮，否则油炸时不脆。

红烧薯块

HONGSHAO SHUKUAI

素食者：  穆斯林： 

材料

土豆 500 克，料酒、盐、味精、糖少许。

做法

土豆切成块状，下入七成熟的油锅中炸至熟透，回锅加配料烧制而成。

特点：色润红，质软烂，味咸香回甜。

合渣洋芋

HEZHA YANGYU

素食者： 穆斯林：

材料

新鲜土豆 250 克，干黄豆约 200 克，青菜 10 克，植物油 5 毫升，食盐 2 克。

做法

1. 土豆去皮并沿髓部切成两半，用清水煮熟。

2. 黄豆用温水泡发后，用石磨或食物处理器磨成浆（约 1 升），青菜切碎。

3. 取不粘锅加入 5 毫升植物油，充分转动锅身使油均匀涂抹于锅四壁，然后将磨好的黄豆浆倒入锅中，中火煮沸，继续煮至无泡沫时，加入碎青菜再煮 2 分钟，然后加入煮熟的土豆和盐再煮 35 分钟即可。

特点：蛋白、淀粉搭配合理，清香可口，有时在煮合渣时同时加入少量大米，即可做成合渣土豆稀饭。

注意事项

黄豆浆无需去渣，正因为含有豆渣，所以称其为合渣。煮合渣时一定要不停地搅拌，特别是快煮沸时，千万要快速搅拌，否则容易溢锅。此外，青菜切得越碎越好，以嫩萝卜菜叶做合渣为最佳。

烤土豆

KAO TUDOU

素食者： 穆斯林：

材料

土豆 400 克。

做法

土豆去皮，切成圆形土豆节放入烤箱内，烤 20 分钟即可。

荷叶土豆泥

HEYE TUDOUNI

素食者： 穆斯林：

材料

土豆300克，红椒2个，香葱20克，淀粉适量，食用油50克，精盐3克，味精2克。

做法

1. 将土豆洗净后蒸熟，然后剥去皮，在器皿中压成土豆泥，荷叶用热水烫软后备用（鲜荷叶更好）。

2. 将红椒去蒂及籽后切成小块，将葱切碎。

3. 把土豆泥放入盆中加入油、精盐、淀粉、少量水，与切好的红椒和葱一起拌匀，用荷叶包起上笼蒸30分钟即可。

干腌菜炒薯片

GAN YANCAI CHAO SHU PIAN

素食者： 穆斯林：

材料

土豆300克，傣家干腌菜50克，青、红椒各两个，大蒜适量。食用油500克、精盐4克、味精2克。

做法

1. 土豆块去皮切成片，干腌菜切成小段，青、红椒去蒂去籽切成块，大蒜切片。

2. 将干腌菜放入热油锅中煎炸片刻，然后将青、红椒及薯片放锅中炒熟，然后加盐、大蒜、味精炒制即成。

幻影土豆片

HUANYING TUDOU PIAN

素食者： 穆斯林：

材料

土豆250克，白糖适量。

做法

选用白色同样大的土豆，切超薄片用油炸熟撒白糖即成。

特点：香脆可口，甜味。

黄瓜粉皮

HUANGGUA FENPI

素食者： 穆斯林：

材料

土豆粉皮 250 克，黄瓜 250 克，香菜 2 克，醋 2 克，香油 1 克，辣椒油 1 克，精盐 1 克，姜粉 1 克，芥末油 1 克，味精 1 克。

做法

1. 将土豆粉皮在热水中焖 5 分钟，黄瓜切成片，装盘备用。

2. 加香菜、醋、香油、辣椒油、食盐、姜末、芥末油、味精拌匀后食用。

煎土豆饼

JIAN TUDOU BING

素食者： 穆斯林：

材料

土豆 300 克，胡萝卜 50 克，青椒 50 克，葱 20 克，淀粉、盐、味精适量。

做法

1. 土豆、胡萝卜去皮切丝，青椒切丝，加淀粉、盐、味精拌匀。

2. 勺内加油把拌好的主料摊成饼，两面煎成金黄色，煎熟即成。

特点：色泽金黄，外酥里嫩。

划菜

HUA CAI

素食者： 穆斯林：

材料

土豆 500 克，小白菜 200 克，花生油 50 克，葱花 3 克，精盐 1 克，味精 1 克，姜末 3 克，芝麻 5 克，红辣椒 2 克。

做法

1. 土豆洗净入锅，加水 200 毫升，中火将水烧开，停火焖 10 分钟，去皮冷却捣碎备用。

2. 小白菜放到开水里焯一下，切成末。

3. 起锅，放少许油，烧热后加葱花、红辣椒，炒出香味后，放入土豆泥和白菜末，加配料后即可食用。

茴香土豆泥

HUIXIANG TUDOU NI

素食者： 穆斯林：

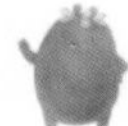

材料

茴香 25 克，土豆 300 克，淀粉适量，食用油 70 克，精盐 3 克，味精 2 克。

做法

1. 将土豆洗净后蒸熟，然后去皮，在器皿中压成土豆泥。

2. 茴香洗净切成碎末，将淀粉加水调芡。

3. 锅内放油，烧热，将土豆泥倒入锅中炒，再调入淀粉芡水、茴香、精盐、味精炒热即可。

酱香土豆

JIANG XIANG TUDOU

素食者： 穆斯林：

材料

土豆 300 克，大葱 3 根，食用油 50 克，香辣酱 30 克，精盐 2 克，味精 1 克。

做法

1. 土豆去皮切成约 3 毫米厚土豆片，大葱切段。

2. 锅中放少量水，将土豆片加入焖煮 2 分钟，捞出沥水。

3. 锅中放油加热，先倒入辣酱炒，再倒入土豆片、大葱爆炒，最后放其他配料拌匀出锅。

金丝望莲

JINSI WANG LIAN

素食者： 穆斯林：

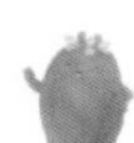

材料

土豆 500 克，面粉 250 克，植物油 15 克，盐 10 克，姜粉 3 克，花椒粉 2 克。

做法

1. 土豆去皮洗净，擦成细条后，倒入面粉，盐、姜粉和花椒粉拌匀。

2. 放入锅中蒸 15 分钟；锅中倒入植物油烧热，放入蒸好的土豆丝，拌炒后即可盛起。

酱爆土豆片

JIANG BAO TUDOU PIAN

素食者： 穆斯林：

材料

土豆200克，大葱两根，青椒30克，干辣椒10克，豆豉适量，食用油300克，甜面酱40克，酱油10克，盐2克，味精1克。

做法

1. 将土豆去皮、洗净、切片，大葱、干辣椒切段，青椒切片。

2. 将油倒入锅中烧热，将薯片倒入锅中油炸，适时搅动，炸至薯片金黄色即可出锅。

3. 锅中留底油，把葱、青椒、干椒和甜面酱一同下锅煸炒，待出香味时放入适量清水，随即把土豆片、盐、味精、酱油一同倒入烧开，改小火使之入味，待水快干时出锅 。

金玉满堂

JIN YU MAN TANG

素食者： 穆斯林：

材料

豆腐150克，土豆150克，青椒125克，葱花10克，胡椒面1克，精盐6克，味精1克，鲜汤250克，芝麻油10克。

做法

1. 豆腐切成2.5×2.0×0.7厘米的片，放入沸水中烫一下捞起，同时加精盐1克，然后将豆腐放在油中炸黄；土豆，青椒切成下块。

2. 炒锅置中火上，油烧至八成熟，放入沥干水分的豆腐片、土豆，青椒、鲜汤、精盐、胡椒面、味精，烧沸后用湿淀粉勾芡，加葱花，淋入芝麻油，拌匀起锅即可。

万年青土豆条

WANNIANQING TUDOU TIAO

素食者： 穆斯林：

材料

土豆300克，万年青150克，豆腐300克，植物油20克，葱10克，姜5克，蒜5克，味精5克，香油5克，精盐5克。

做法

1. 土豆洗净去皮切条，万年青洗净切段，豆腐切条，葱、姜切末，蒜切片。

2. 锅内加油烧热，入葱、姜、蒜炝锅，加水，开锅后放入土豆条、万年青、豆腐，微火煮10分钟后，调入味精、香油、精盐，出锅入盆即可。

姜味龙须丝

JIANGWEI LONGXU SI

素食者： 穆斯林：

材料

土豆250克，青红椒各10克，洋葱10克，色拉油500克，小葱5克，香油3克，精盐2克，味精1克。

做法

1. 将土豆去皮洗净切成细丝，青、红椒、洋葱切成末。

2. 炒锅置旺火上，加入500克色拉油，三成油温，加入土豆丝，炸至金黄色，放入盘中。

3. 锅底留油，加入青、红椒、洋葱粒，加入配料，炒香混匀即可。

浑源凉粉

HUNYUAN LIANGFEN

素食者： 穆斯林：

材料

马铃薯淀粉500克，水1500克，明矾3克，豆腐干50克，黄瓜50克，莲花豆（油炸蚕豆）50克，香菜10克，胡麻油20克，葱10克，香油5克，精盐5克，醋10克，味精3克，油泼辣椒油20克。

做法

1. 先把淀粉放入盆中，加入适量的水搅拌好。
2. 锅置旺火上，加水烧开；把淀粉倒入锅内，边倒边搅，搅成糊状。
3. 把明矾用水溶开，倒入锅里继续搅拌，变色即熟。
4. 倒出晾冷，切成条块，放入盆内。
5. 制作配料：锅里倒油，油热后倒入葱花炝熟出锅倒入盆中。

6放入盐、味精、香油、醋、油泼辣椒油、豆腐干片、黄瓜丝、香菜、莲花豆即可。

椒油土豆丝

JIAOYOU TUDOU SI

素食者： 穆斯林：

材料

土豆500克，盐、味精、花椒油、白醋少许。

做法

将土豆切成细丝，油盐飞水后过凉，加调料拌匀即可。

特点：色洁白，口感脆爽，椒香浓郁。

酒醉马铃薯

JIUZUI MALINGSHU

素食者： 穆斯林：

材料

新鲜土豆500克，啤酒150克，澄面50克，白糖50克。

做法

1. 将土豆去皮蒸熟，捣成泥，和入澄面，并加入白糖和啤酒再拌成团。

2. 将土豆团用手捻成小葫芦状，蘸上面包糠，放入油锅中炸制而成。

炕洋芋

KANG YANGYU

素食者： 穆斯林：

材料

新鲜土豆 1000 克（以 25 克大小的土豆为宜），植物油 30 毫升，食盐 3 克。

做法

1. 土豆去皮，如果用大土豆，则切成 25 克大小的块，过凉水后沥干。

2. 炒锅置于旺火上放入植物油，油温 80℃左右时，将土豆投入锅中，用大火翻炒 5 分钟，然后加入食盐继续煸炒至土豆表面呈透明状时，沿锅壁加入 300 毫升清水，盖上锅盖大火煮沸后，改用小火煮至水干时，用锅铲翻动让所有土豆四面炕至金黄色即可。

特点：色泽金黄，松软清香，可做菜肴，亦是当地老百姓土豆收获季节的主食。

注意事项

一定要用中国铁锅，煮时一定要让水煮干后才能开始翻锅，且不能将土豆翻散，同时注意火候，切忌出现糊锅现象。

烤土豆

KAO TUDOU

素食者： 穆斯林：

材料

土豆 3 个，咸菜 100 克，酱菜 100 克，泡菜 50 克。

做法

1. 将土豆洗干净，不去皮；擦干土豆表面的水分。

2. 把土豆放在烤盘上，在 220 度的烤炉内里烤 90 分钟左右。

3. 土豆皮呈棕色、酥脆即可；吃的时候可以就咸菜、酱菜、泡菜食用。

家常拌粉

JIACHANG BAN FEN

素食者： 穆斯林：

材料

马铃薯淀粉 500 克，明矾 3 克，黄瓜 50 克，绿豆芽 50 克，豆腐皮 50 克，菠菜 30 克，心里美萝卜 50 克，胡萝卜 50 克，花椒 3 克，植物油 30 克，香油 5 克，精盐 5 克，醋 10 克，味精 3 克，葱 5 克，蒜 5 克，鲜姜 5 克。

做法

1. 鲜粉皮的制作

配料打芡：用 250 克热水将 150 克淀粉调成稀糊状，然后再用沸水向调好的淀粉稀糊中猛冲，迅速搅拌，约 10 分钟后，粉糊即呈透明状，成为粉芡；将明矾研成面放入和面盆中，再把打好的芡倒入，搅拌均匀，把剩余的 350 克淀粉和粉芡混和，搅揉成没有颗粒、不沾手而又能拉丝的软粉团。

沸水漏条：先在锅内加水至九成满，煮沸，再把和好的面装入孔径 10 毫米的饸饹床中，把面压漏入沸水锅里，边压边往外捞，锅内水量始终保持在第一次出条时的水位，锅水控制在微开程度，将漏入沸锅里的粉条，轻轻捞出放入冷水盆内，直至凉透捞出置于盘中。（饸饹床：一种压面工具，中间有圆洞，下方有孔，上面有与圆洞直径相差略小的木柱圆形头伸入洞中挤压，迫使面从下方均匀的孔内下到锅里，整个饸饹床使用杠杆原理。）

2. 拌粉方法

把绿豆芽、菠菜在开水锅焯熟，捞出沥水晾凉入盘；黄瓜、心里美萝卜、胡萝卜、豆腐皮洗净切丝装盘，大火加热炒锅中的油，放花椒炸出微烟，取出花椒弃之，随即放入葱花、蒜片、姜末略炒，浇入盘中，调入香油、精盐、醋、味精拌匀即可。

炝炒紫土豆片

QIANG CHAO ZITUDOU PIAN

素食者： 穆斯林：

材料

紫土豆 200 克，黄彩椒 30 克，香葱 10 克，樱桃萝卜 10 克，菜籽油 50 克。

做法

1. 紫土豆切片。

2. 在锅内放入底油，烧热后放土豆片翻炒至八分熟，放入黄彩椒、香葱继续翻炒，待土豆全熟后，出勺装盘放入樱桃萝卜点缀即可。

特点：简单易做，香脆爽口。

烙土豆烊子

LAO TUDOU YANGZI

素食者： 穆斯林：

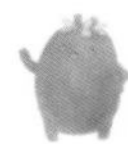

材料

土豆 400 克，莜面 250 克，胡麻油 50 克，精盐 3 克，花椒面 3 克，葱 10 克，味精 1 克。

做法

1. 土豆洗净煮熟剥皮，用擦子擦成泥状。

2. 放入和面盆中，加入莜面、精盐、花椒面、葱花、味精揉成面团，杆成圆饼。

3. 煎盘烧热后加入胡麻油，将土豆饼煎至两面焦黄即成。

凉拌薯苗

LIANBAN SHUMIAO

素食者： 穆斯林：

材料

精选薯苗嫩尖 200 克，番茄 70 克，辣椒 2 个，精盐 2 克，味精、酸醋、蒜适量。

做法

1. 将薯苗尖洗净，放入沸水中焯热捞起，置凉后切成段；番茄部分切块，部分切末；辣椒切末，大蒜捣泥。

2. 薯苗装盘，加入盐、味精、酸醋、番茄块、辣椒、蒜泥拌匀即可。

土豆饼

TUDOU BING

素食者： 穆斯林：

材料

土豆 400 克，面粉 150 克，土豆淀粉 100 克，胡麻油 50 克，精盐 3 克。

做法

1. 土豆洗净煮熟剥皮，用土豆擦子擦成泥状。

2. 放入和面盆中，加入面粉、淀粉、精盐揉成面团，擀成圆饼。

3. 煎盘烧热后加入胡麻油，将土豆饼煎至两面焦黄即成。

土豆火锅片

TUDOU HUOGUO PIAN

素食者： 穆斯林：

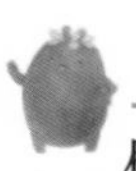

材料

土豆 200 克，麻将 150 克，韭菜花 10 克，酱豆腐 10 克，辣椒油 2 克，香菜 10 克。

做法

1. 土豆去皮，切片。

2. 韭菜花、酱豆腐、辣椒油、香菜放入麻酱碗中，调匀成麻酱小料；土豆片放入火锅里煮熟，蘸麻酱小料食用。

琉璃薯条

LIULI SHUTIAO

素食者： 穆斯林：

材料

土豆 500 克，白糖 50 克。

做法

1. 将土豆切成条，裹上淀粉。

2. 炸至成熟后将油、水、糖放入锅内，炒糖。炒至出丝时，投入薯条，翻炒均匀，稍晾即可。

特点：色金黄明亮，香甜酥脆。

凉拌薯丝

LIANGBANSHUSI

素食者： 穆斯林：

材料

土豆 300 克，蒜、芫荽、小米辣少许，精盐 3 克，酸醋适量，蒜适量，味精 1 克。

做法

1. 薯块去皮切成丝，小米辣切碎，芫荽切末，大蒜捣泥。

2. 醋、芫荽、蒜泥、盐、味精放入拌匀即可。

烙土豆片

LAO TUDOU PIAN

素食者： 穆斯林：

土豆300克，胡麻油20克，咸菜100克，酱菜100克，泡菜50克。

做法

1. 土豆洗净去皮，切片，放入清水中洗净淀粉后，捞出擦干土豆片表面的水分。

2. 平底锅烧热，倒入薄薄的一层油，一次码入土豆片，等土豆片烙黄，倒入少量水，迅速盖上锅盖，转中火焖2分钟，煮至水分收干。

3. 淋入胡麻油，加盖，再烙另一面，到金黄香脆便可；配咸菜、酱菜、泡菜食用。

土豆炖窝瓜

MALINGSHU DUN WOGUA

素食者： 穆斯林：

材料

土豆300克，窝瓜300克，水发木耳50克，葱10克，姜5克，蒜5克，花椒3克，盐5克，味精2克。

做法

1. 土豆洗净去皮切块，窝瓜洗净切块，葱切花，姜、蒜切末。

2. 锅内加油烧热，放花椒炸出微烟，取出花椒弃之，放入葱、姜、蒜煸出香味，放入土豆块、窝瓜块，加水，用大火烧开后改用小火炖煮，调入盐、味精至土豆及窝瓜炖熟、汤汁收干，出锅装盘，撒葱花即成。

焖土豆

MEN TUDOU

素食者： 穆斯林：

材料

土豆500克，花生油50克，葱花3克，红辣椒2克，酱油2克，姜末2克，花椒粉2克，精盐1克，味精1克。

做法

1. 土豆500克切块备用。

2. 炒锅置旺火上，放少许油，烧热后加葱花、红辣椒，炒出香味后，放入土豆块，加酱油炒至上色后，加适量水，放入姜末、花椒粉、盐，焖15分钟，加味精装盘。

五彩土豆丁

WUCAI TUDOU DING

素食者： 穆斯林：

材料

黄土豆 100 克，紫土豆 100 克，粉土豆 100 克，莴笋 100 克，胡萝卜 100 克，大葱 10 克，食用油 500 克，精盐 5 克，味精 2 克。

做法

1. 黄土豆、紫土豆、粉土豆、莴笋、胡萝卜洗净去皮切成丁，用水洗一下，捞出沥净水。

2. 锅内放油烧至八成熟时放入葱花，黄土豆、紫土豆、粉土豆、莴笋、胡萝卜炸熟后捞出，拌入精盐、味精和淀粉；锅内留少量油，放入土豆丁再炸一次捞出装盘即可。

土豆拌灰菜

TUDOU BAN HUICAI

素食者： 穆斯林：

材料

土豆 200 克，灰菜 300 克，胡麻油 20 克，葱 5 克，姜 5 克，蒜 5 克，花椒 3 克，盐 5 克，味精 2 克，醋 5 克，香油 5 克。

做法

1. 土豆洗净煮熟剥皮，切成小块。

2. 灰菜择洗干净切段，入开水锅中焯熟后，捞出凉冷，和土豆块拌匀后装盘。

3. 大火加热炒锅中的油，放花椒炸出微烟，取出花椒弃之，随即放入葱花、姜末、蒜片煸出香味，浇入土豆块、灰菜盘中，调入精盐、味精、醋、香油后拌匀即可。

炝锅土豆稀饭

QIANGGUO TUDOU XIFAN

素食者： 穆斯林：

材料

土豆300克，小米150克，香菜20克，葱10克，精盐3克，植物油20克。

做法

1. 土豆洗净去皮，切块。

2. 将小米洗干净，再倒入水，米和水的比例大概是1:6，先大火烧开，放入土豆块，再转入小火熬20分钟至黏稠就可出锅装盆。

3. 加热炒锅中的油，放入香菜、葱花炝锅，倒入盆中，调入精盐即成。

秘制沙司土豆条

MIZHI SHASI TUDOU TIAO

素食者： 穆斯林：

材料

优质土豆300克，芝麻50克，番茄沙司50克。

做法

1. 将土豆去皮蒸熟，捣成泥，加工成一指粗条状。

2. 将每支土豆条粘满芝麻，然后放入七成熟的油锅中烹炸，颜色呈金黄色即可。蘸番茄沙司食用。

凉拌土豆丝

LIANGBAN TUDOU SI

素食者： 穆斯林：

材料

土豆300克，黄瓜50克，绿豆芽50克，黄豆芽50克，韭菜30克，花椒3克，植物油20克，香油5克，精盐5克，醋10克，味精3克。

做法

1. 土豆洗净去皮切丝，放入清水中洗净淀粉，土豆丝、黄豆芽、绿豆芽在开水锅中焯热，捞出沥水晾凉。

2. 黄瓜洗净切片，韭菜洗净切段，将土豆丝、黄豆芽、绿豆芽、黄瓜片装盘。

3. 大火加热炒锅中的油，放入花椒炸出微烟，取出花椒弃之，随即放入韭菜略炒，浇入盘中，调入香油、精盐、醋、味精拌匀即可。

七彩土豆丝

QICAI TUDOU SI

素食者： 穆斯林：

材料

彩色土豆 300 克，青彩椒 1 个，红彩椒 1 个，黄彩椒 1 个， 食用油 70 克，精盐 3 克，味精 1.5 克。

做法

1. 土豆去皮洗净切成丝，青彩椒、红彩椒、黄彩椒切丝。

2. 锅中放油烧热，把土豆丝、青红黄彩椒一起倒入炒至七成熟，放入盐、味精拌匀即可。

土豆丝拌腌苦菜

TUDOU SI BAN YAN KUCAI

素食者： 穆斯林：

材料

土豆 100 克，腌制苦菜 300 克，花椒 3 克，植物油 20 克，香油 5 克，精盐 5 克，醋 10 克，味精 3 克，葱、蒜各 5 克。

做法

1. 将腌制苦菜洗净，在开水锅焯熟，捞出沥水晾凉。转入腌缸，加入小米汤，腌制 48 小时后即可。

2. 土豆洗净去皮擦丝，放入清水中洗净淀粉，在开水锅焯热，捞出沥水晾凉。

3. 将土豆丝和腌制苦菜装盘；大火加热炒锅中的油，放入花椒炸出微烟，取出花椒弃之，随即放入葱花略炒，浇入盘中，调入香油、精盐、醋、味精、蒜末拌匀即可。

农家大酱蒸土豆茄子

NONGJIA DAJIANG ZHENG TUDOU QIEZI

素食者： 穆斯林：

材料

土豆400克，茄子300克，农家大酱50克。

做法

土豆去皮切成块蒸熟，茄子蒸熟装盘，拌农家大酱食之，别有风味。

特点：农家气息，清新爽口。

炝土豆丝、粉丝

QIANG TUDOU SI ,FENSI

素食者： 穆斯林：

材料

土豆300克，土豆粉丝100克，葱、姜、蒜、香菜少许。

做法

1. 土豆切丝，氽熟，葱、姜、蒜切丝。

2. 放花椒油、辣椒油、香油、盐、味精拌匀装盘。

特点：清凉爽口，口感独特。

软炸土豆片

RUANZHA TUDOU PIAN

素食者： 穆斯林：

材料

土豆250克，色拉油100克，精盐2克，椒盐2克。

做法

1. 土豆去皮切成长8厘米、宽4厘米、厚0.5厘米的片，用盐水浸泡10分钟。

2. 炒锅置旺火上，加入适量色拉油烧至四成熟，将浸泡好的土豆片倒入，炸至金黄稍脆，撒上椒盐即可。

三色土豆泥

SANSE TUDOU NI

素食者： 穆斯林：

材料

新鲜土豆500克，胡萝卜汁50克，萝卜汁50克，白糖50克，花生脆适量。

做法

1. 将土豆去皮蒸熟，捣成泥，在土豆泥中加入花生脆，一起下锅炒，炒制时油温不能太高。

2. 炒好后再分别拌上白糖、胡萝卜汁和萝卜汁，分别装入三个碗中，倒扣到盘中点缀上桌。

土豆丝拌苦菜

TUDOU SI BAN KUCAI

素食者： 穆斯林：

材料

土豆200克，苦菜300克，胡麻油20克，葱5克，姜5克，蒜5克，花椒3克，盐5克，味精2克，醋5克，香油5克。

做法

1. 土豆洗净去皮擦丝，放入清水中洗净淀粉，苦菜择洗干净切段，土豆丝、苦菜入开水锅中焯熟后，捞出晾冷装盘。

2. 大火加热炒锅中的油，放入花椒炸出微烟，取出花椒弃之，随即放入葱花、姜末、蒜片煸出香味，浇入土豆丝、苦菜盘中，调入精盐，味精、醋、香油拌匀即可。

土豆凉粉

TUDOU LIANGFEN

素食者： 穆斯林：

材料

土豆淀粉500克，韭菜10克，香菜10克，精盐3克，醋3克，香油1克，芥末油0.5克，辣椒油0.5克，味精0.5克。

做法

1. 土豆淀粉用1000毫升清水稀释后，缓慢倒入沸水锅内，边倒边搅拌，使淀粉充分受热膨胀，糊化成淀粉糊，煮沸后改用小火，继续搅拌，待淀粉糊熟透变稠时关火。

2. 将冷凝的凉粉切成薄片。

3. 食用时，辅以韭菜、香菜、醋、香油、芥末油、辣椒油、味精及酱油等。

土豆莜面囤囤

TUDOU YOUMIAN TUNTUN

素食者： 穆斯林：

材料

土豆500克，莜面300克，精盐3克，葱花10克，蒜末10克，咸菜丝50克，绿豆芽10克，菠菜20克，胡萝卜10克，酱油5克，醋5克，味精1克，香油10克。

做法

1. 胡萝卜洗净切丝，菠菜切段和绿豆芽入沸水锅中焯熟捞出，和精盐、葱花、蒜末、咸菜丝、胡萝卜丝、酱油、醋、味精、香油加适量凉水调成卤汁。

2. 莜面入面盆用温水和面；把和好的面在案板上用擀面杖擀开，半厘米厚，撒上土豆丝，卷起来，切成一个个的囤儿状，上屉蒸熟，和卤汁调起来吃。

薯块酸汤

SHU KUAI SUANTANG

素食者： 穆斯林：

材料

土豆300克，傣家干腌菜50克，姜一小块，葱2根，芫荽2棵，蒜适量，食用油20克，精盐5克，味精2克。

做法

1. 土豆块去皮切成块放入油锅中煎炸片刻，然后放入清水煮熟。

2. 再放入干腌菜、姜、葱、蒜、芫荽小火煮5分钟，再加入盐、味精即成干腌菜薯块酸汤。

三色土豆泥

SANSE TUDOU NI

素食者：穆斯林：

材料

新鲜土豆500克，胡萝卜汁50克，萝卜汁50克，白糖50克，花生脆适量。

做法

1. 将土豆去皮蒸熟，捣成泥，在土豆泥中加入花生脆，一起下锅炒，炒制时油温不能太高。

2. 炒好后再分别拌上白糖、胡萝卜汁和萝卜汁，分别装入三个碗中，倒扣到盘中点缀上桌。

土豆鱼

TUDOU YU

素食者： 穆斯林：

材料

土豆500克，面粉125克，粉面125克，菠菜50克，豆腐干50克，黄豆芽、绿豆芽各50克，胡萝卜50克，黄瓜100克，酱油10克，醋10克，香油5克，盐5克，辣椒油5克，植物油20克，花椒3克，味精3克，葱10克，姜5克，蒜5克。

做法：

1. 土豆蒸熟、去皮、切压成泥，将面粉及粉面加入土豆泥中和成面团，揪小块面搓成鱼子，上笼蒸10分钟。

2. 菠菜、黄豆芽、绿豆芽在开水锅焯熟，捞出沥水晾凉和黄瓜、胡萝卜洗净切丝，豆腐干切条后一起装盆。

3. 大火加热炒锅中的油，放花椒炸出微烟，取出花椒弃之，随即放入葱、姜、蒜末炝锅，浇入盆中，调入香油。放入辣椒油、精盐、酱油、醋、味精后，加入300克凉开水即可。

青椒土豆丝

QINGJIAO TUDOU SI

素食者： 穆斯林：

材料

土豆丝300克，青椒50克，食用油60克，精盐3克，味精2克。

做法

1. 土豆去皮洗净切成丝，青椒洗净切丝。

2. 锅中放油烧热，把土豆丝、青椒一起倒入炒至七成熟，放入盐、味精拌匀即可。

蜜汁土豆

MIZHI TUDOU

素食者： 穆斯林：

材料

土豆1000克，蜂蜜75克，白糖80克。

做法

1. 把土豆带皮洗净后，用蒸锅蒸熟，晾凉后去皮，用刀切成厚薄均匀的片。

2. 取长柄煎盘一个，把土豆片整齐地斜码在长柄煎盘里。

3. 取小煎盘一个，放入30克白糖，置旺火上熬成炒糖色，并用适量水化开，加入糖、蜂蜜混匀，熬成汁，倒入盛土豆的盘中。

4. 将长柄煎盘放入文火上慢慢煨汁，至土豆全部入味即可装盘上桌食用。

特点：本品汁厚浓郁，香甜味美。

南瓜炖土豆

NANGUA DUN TUDOU

素食者： 穆斯林：

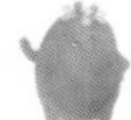

材料

50克大小的新鲜土豆500克，嫩青皮南瓜1个（约500克），植物油15毫升，大蒜1个，生姜1小块（23克），花椒2克，食盐1.5克。

做法

1. 土豆去皮并沿髓部切成两半，过凉水沥干。

2. 南瓜洗净去蒂去瓤，切成与土豆大小相当的块。大蒜、生姜拍松备用。

3. 炒锅置于旺火上烧热后改小火，放入植物油，花椒煸炒出香味，然后将土豆、南瓜一起投入锅中，用大火翻炒至有南瓜汁液浸出外观油亮，加入食盐继续翻炒2分钟，沿锅壁加入500毫升清水，并将大蒜、生姜置于锅内，盖上锅盖大火煮沸后，改用中火煮8–10分钟起锅。

特点：兼具土豆南瓜的清香，且汤汁可根据喜好调整。如将汤水加多一些，还可在其中投入面疙瘩，因此也是当地老百姓常用的早餐。

三丝爆豆

SAN SI BAO DOU

素食者： 穆斯林：

材料

土豆350克，洋葱100克，香菜50克，油炸花生米100克，盐、味精适量。

做法

1. 土豆去皮，切丝，炸熟；洋葱切丝，香菜切段。与油炸花生米一起放入盘中。

2. 放盐、味精，拌匀即成。

特点：金红酥脆，咸香味美。

山芹炒土豆丝

SHAN QIN CHAO TUDOU SI

素食者： 穆斯林：

材料

土豆500克，青辣椒、红辣椒、山芹适量，盐、味精少许，油50克。

做法

土豆丝过水，加青辣椒条、红辣椒条、山芹和盐、味精少许炒制。

树番茄风味土豆丝

SHU FANQIE FENGWEI TUDOU SI

素食者： 穆斯林：

材料

土豆300克，糊辣椒20克，食用油30克，精盐5克，味精1克，树番茄50克。

做法

1. 土豆洗净去皮切丝，糊辣椒切段，树番茄切碎。

2. 锅中放油加热，先倒入树番茄、糊辣椒炒香，再倒入土豆片一起爆炒一会儿，加入适量水焖煮至熟，加入盐和味精拌匀即可。

素炒薯苗

SU CHAO SHUMIAO

素食者： 穆斯林：

材料

新鲜薯苗嫩尖200克，番茄50克，红椒3个，食用油30克，豆豉20克，精盐3克，味精1克。

做法

1. 精选薯苗嫩尖洗净，切成小段，番茄、红椒切块。

2. 锅中放油烧热，放入薯苗、番茄、红椒、豆豉爆炒至熟。

3. 加盐、味精炒拌均匀即成。

土豆豆沙饼

TUDOU DOUSHA BING

素食者：　穆斯林：

材料

土豆、红豆馅适量，汤圆粉适量。

做法

土豆去皮，蒸熟，揉成土豆泥，加入汤圆粉即成，擀成小饼，在电饼档煎5分钟即可。

土豆糕

TUDOU GAO

素食者：　穆斯林：

材料

土豆100克，芝士粉适量，盐3克，十三香1克，淀粉5克，植物油500克。

做法

土豆切成丝洗净，用芝士粉、盐、十三香、淀粉、油，上锅倒油煎成饼即成，带汁食用。

山村炸土豆丸子

SHANCUN ZHA TUDOU WANZI

素食者：　穆斯林：

材料

土豆1000克，生菜50克，盐、白糖各2克，面粉3克，辣椒面、黑芝麻少许，植物油800克。

做法

1. 土豆去皮洗净，蒸熟，然后捣成泥，加盐、白糖、面粉拌匀。

2. 锅内放入植物油，置旺火上烧至八成熟，将土豆泥挤成球形，下油锅炸至焦黄，捞出控油。

3. 锅内留少许油，放入炸好的土豆，加入辣椒面、黑芝麻翻炒均匀，放入垫有生菜的盘中即可。

特点：本品外脆里软，微辣适口。

酸辣土豆片

SUANLA TUDOU PIAN

素食者： 穆斯林：

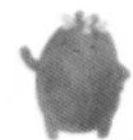

材料

土豆 300 克，甜辣椒酱适量，米醋 3 克，精盐 5 克，味精 2 克。

做法

1. 将土豆洗净后去皮，切成片。

2. 锅内放水烧开，土豆片炒熟，加入盐、味精、米醋拌匀，浇上甜辣酱即成。

酸腌菜土豆片汤

SUANYANCAI TUDOU PIAN TANG

素食者： 穆斯林：

材料

土豆 500 克，酸腌菜 50 克，干辣椒适量，香葱 5 克，食用油 15 克，精盐 8 克，味精适量。

做法

1. 土豆去皮洗净切片，酸腌菜切丝，干辣椒切段，香葱切末。

2. 锅中加水，将土豆片、酸盐菜、干辣椒、香葱一起放入水中煮，待土豆煮熟时加入精盐、味精调味即可。

素炒土豆丝

SUCHAO TUDOU SI

素食者： 穆斯林：

材料

土豆丝 400 克，青红辣椒少许，色拉油 50 克，醋 5 克，葱、姜各 3 克，盐 1 克。

做法

1. 取土豆削皮切丝，锅内加水烧开，下土豆丝烧至五分熟将土豆丝捞出。

2. 另一锅置旺火上加入色拉油，放葱姜炝锅，放入土豆丝、青红辣椒，快速炝炒，调好口味，最后加入少许醋即可。

酸辣土豆丝汤

SUANLA TUDOU SI TANG

素食者： 穆斯林：

材料

土豆 500 克，酸腌菜 50 克，泡椒小米辣 10 克，香葱 10 克，食用油 20 克，精盐 10 克，味精 2 克。

做法

1. 土豆去皮洗净切丝，酸腌菜切丝，小米辣切碎，香葱切末。

2. 锅中加水，将土豆丝、酸腌菜、小米辣一起放入水中煮，待土豆煮熟时加入葱末、精盐、味精调匀即可。

素炒土豆片

SU CHAO TUDOU PIAN

素食者： 穆斯林：

材料

土豆 300 克，胡萝卜 50 克，紫色土豆 50 克，莴笋 50 克，食用油 30 克，精盐 5 克，味精 2 克。

做法

1. 土豆、胡萝卜、紫色土豆、莴笋洗净去皮切成薄片。

2. 锅中放油加热，倒入葱末，再倒入土豆片、胡萝卜片、紫色土豆片、莴笋片一起炒一会儿，加入适量水焖煮至熟，加入盐和味精拌匀即可。

酸笋炒薯片

SUAN SUN CHAO SHUPIAN

素食者： 穆斯林：

材料

土豆300克，傣家泡酸笋50克，红椒3个，大蒜适量，食用油50克，精盐4克，味精2克。

做法

1. 土豆块去皮切成薄片，酸笋用清水清漂后切成段，红椒去蒂去籽切块。

2. 锅中放油烧热，将红椒、土豆片放入热油锅中焯熟再加入酸笋、盐、大蒜、味精等炒制即成。

蒜泥蒸土豆丝

SUAN NI ZHENG TUDOU SI

素食者： 穆斯林：

材料

稍粗的土豆丝500克，蒜泥、面粉适量，盐、味精、老醋、糖适量。

做法

1. 土豆丝过水，加面粉拌匀，在蒸锅内蒸约3分钟即可。

2. 将蒜捣碎成蒜泥，加盐、味精、老醋、糖。

3. 蒸土豆丝与调过味的蒜泥一起食用。

酸笋薯苗汤

SUAN SUN SHUMIAO TANG

素食者： 穆斯林：

材料

土豆苗嫩尖200克，傣家泡酸笋200克，番茄100克，芫荽5克，小米辣10克，蒜适量，精盐8克，味精2克。

做法

1. 将傣家酸笋清水漂过后放入锅中稍煮片刻，然后加入土豆苗、番茄、盐煮熟后趁热起锅。

2. 放入芫荽、蒜泥、小米辣、盐、味精等拌匀即可。

土豆饼—II

TUDOU BING —Ⅱ

素食者： 穆斯林：

材料

土豆 500 克，白面粉 250 克，葱花 40 克，食用油 50 克，精盐 10 克。

做法

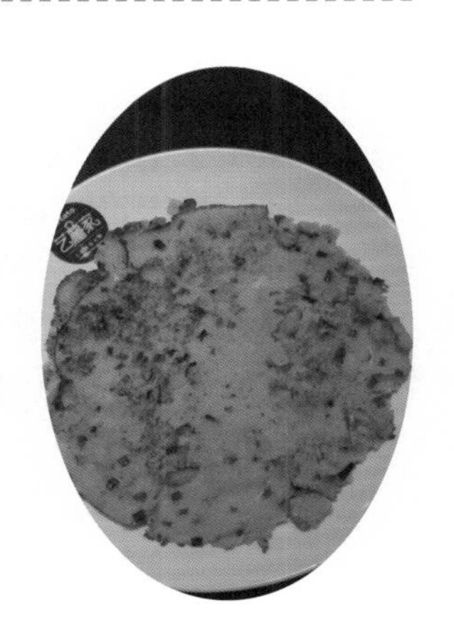

1. 土豆洗净，入锅中煮至软烂，取出，趁热撕去表皮，先用擦床擦成茸，再用木锤捣成细泥。

2. 将 200 克白面面粉、精盐和葱花混入土豆泥，拌匀，在铁锅内反复揉搓使之具有韧性，成团。

3. 把剩余的 50 克白面面粉加入揉匀，将其分成 70 克左右的剂子，擀成薄饼。

4. 在平底锅内放入 5 克底油，待油热后，放入薄饼，温火翻烙，饼色成金黄色后刷油，出锅。趁热食用。

土豆饼—III

TUDOU BING —Ⅲ

素食者： 穆斯林：

材料

土豆 500 克，莜面 100 克，芝麻 300 克，胡麻油 50 克，精盐 3 克。

做法

1. 土豆洗净入锅，加水 100 毫升，中火将水烧开，停火，焖 10 分钟。

2. 土豆去皮冷却捣碎，加入莜面用手搓成饼状。

3. 将芝麻、食盐和食用油均匀地抹在饼的表面，将平底锅加油烧热，放入饼烙成金黄色即可食用。

炭火烤土豆

TANHUO KAO TUDOU

素食者： 穆斯林：

材料

土豆200克，精盐2克，五香辣椒面10克。

做法

1. 整个土豆带皮放在炭火上烤，小火烤到土豆表面发黄黑，用刀刮去表皮，达到外熟、内六成熟。

2. 根据喜好加五香辣椒面或其他佐料即可食用。

土豆麻团

TUDOU MATUAN

素食者： 穆斯林：

材料

土豆100克，芝麻10克，白糖20克，澄面粉10克。

做法

土豆去皮蒸熟，打成泥，加入白糖，加入澄面粉，做成球形，滚上芝麻，在油锅中炸5分钟。

土豆炒黄豆芽

TUDOU CHAO HUANGDOU YA

素食者： 穆斯林：

材料

土豆500克，黄豆芽250克，色拉油25克，干辣椒丝2克，辣油2克，盐3克，味精3克，酱油少许。

做法

1. 土豆去皮清洗，切成6–7厘米长的细丝。

2. 用凉水淘去土豆丝上的淀粉，然后把土豆丝和备好的黄豆芽汆水。汆水时水中先放入少量盐，以便让土豆丝和黄豆芽入味。并且，在凉水中放入黄豆芽，等开锅后再加入土豆丝。

3. 锅中放入色拉油，将干辣椒丝煸炒一下，再放入少许葱丝、姜丝，然后倒入汆水后的土豆丝和黄豆芽，煸炒30秒到1分钟，再加入酱油、盐、味精少许，翻炒至入味。

土豆摊饼

TUDOU TANBING

素食者： 穆斯林：

材料

土豆500克，生粉50克，盐5克，葱花10克，芝麻5克，味精2克，植物油50克。

做法

1. 将土豆削皮切成细丝，用清水冲净，用生粉、盐、葱花、味精拌匀。

2. 锅内加入油，使锅受热均匀，放入拌好的土豆丝，煎熟成金黄色，撒上芝麻出锅装盘。

土豆韭菜包子

TUDOU JIUCAI BAOZI

素食者： 穆斯林：

材料

面粉500克，土豆500克，韭菜250克，葱，精盐，味精，酱油，姜粉，花椒粉，大料粉，植物油适量。

做法

1. 将土豆去皮、洗净，切成小丁，韭菜切碎，加入葱、精盐、味精、酱油、姜粉、花椒粉、大料粉、植物油拌匀，待用。

2. 将面粉发酵，和好揉匀，放在面板上，将面团擀成直径为5厘米左右的面皮，包上馅，放蒸笼里蒸20分钟即可。

土豆傀儡

TUDOU KUILEI

素食者： 穆斯林：

材料

土豆 500 克，莜面 200 克，食用油 5 克，葱花 10 克，精盐 5 克，味精、花椒面各 1 克。

做法

1. 土豆洗净，入锅中煮至软烂，取出，趁热撕去表皮，先用擦床擦成茸。

2. 将莜面面粉、精盐、葱花、味精和花椒面混入，拌匀。

3. 将食用油倒入锅内大火烧开，改为中火，将拌好的土豆放入锅内翻炒到变为金黄色后出锅，趁热食用。

土豆香菇饼

TUDOU XIANGGU BING

素食者： 穆斯林：

材料

土豆 300 克，香菇 50 克，精盐 3 克，豆油 15 克。

做法

1. 将土豆剥皮后用水泡过，用擦菜板擦成糊状，然后倒入凉水用筛子筛。换两次水后，沉淀淀粉，将渣滓的水挤干。

2. 将香菇在温水中泡软，用刀切碎。

3. 将土豆淀粉、渣滓、香菇、精盐拌匀做成煎料。

4. 在放入油的煎锅中倒入准备好的煎料，将其两面煎成黄色后放入盘中。

土豆丸子

TUDOU WANZI

素食者： 穆斯林：

材料

土豆 500 克，莜面 200 克，葱花 10 克，精盐 5 克，味精、花椒面各 1 克。

做法

1. 土豆洗净，入锅中煮至软烂，取出，趁热撕去表皮，先用擦床擦成茸。

2. 将莜面面粉、精盐、葱花、味精和花椒面混入，拌匀。用手将其捏成团状，放到笼屉上备用。

3. 锅内放入 500 克水，大火烧开后，将笼屉放于锅内大火蒸 6 分钟左右，出锅即可食用。

土豆地软包子

TUDOU RUANBAOZI

素食者： 穆斯林：

材料

熟土豆丁 150 克，地软 300 克，面粉 500 克，酵母 5 克，葱花 20 克，辣子丁 30 克，粉条 30 克，葱油 20 克，盐、味精少许，泡打粉 5 克，起酥油 3 克。

做法

1. 将土豆去皮、洗净、切成小丁，地软切碎，加入葱、精盐、味精少许，泡打粉 5 克，起酥油 3 克。

2. 将面粉发酵，加入泡打粉，起酥油和好揉匀，放在面板上，将面团擀成直径为 5 厘米左右的面皮，包上馅，放蒸笼里蒸 20 分钟即可。